红河学院学术著作出版基金资助出版

直升机减速器微量润滑研究

管 文 著

科学出版社
北 京

内 容 简 介

直升机减速器润滑系统出现故障，齿轮、轴承将处于无润滑油工作状态，使减速器在短时间内破坏，造成灾难性的后果。为此，许多国家均对武装直升机减速器有 30～60 min 的干运转能力要求。本书采用微量润滑方式，对齿轮油的多种极压抗磨添加剂进行摩擦学行为研究。

本书共 6 章。第 1 章分析直升机传动系统干运转的国内外研究现状，第 2 章进行试验系统设计，第 3 章进行极压抗磨剂对不同航空油的油雾润滑试验研究，第 4 章进行极压抗磨剂对航空油的油气润滑试验研究，第 5 章对含极压抗磨剂的油气润滑用于直升机润滑系统应急措施的可行性分析，第 6 章对直升机减速器应急方案进行总结。

本书可供航空领域、表面工程领域、润滑领域的技术人员和管理人员参考，也可作为科研人员、高等工科院校教师的科研参考书及相关专业研究生的教学参考书。

图书在版编目(CIP)数据

直升机减速器微量润滑研究/ 管文著. —北京：科学出版社，2015.5

ISBN 978-7-03-044192-8

Ⅰ. ①直… Ⅱ. ①管… Ⅲ. ①直升机–减速装置–润滑–研究 Ⅳ. ①V275

中国版本图书馆 CIP 数据核字(2015)第 089149 号

责任编辑：王艳丽　王晓丽
责任印制：谭宏宇 / 封面设计：殷　靓

科学出版社 出版
北京东黄城根北街 16 号
邮政编码：100717
http://www.sciencep.com
北京凌奇印刷有限责任公司 印刷
科学出版社发行　各地新华书店经销
*
2015 年 5 月第　一　版　开本：B5(720×1000)
2015 年 5 月第一次印刷　印张：6　3/4
字数：145 000
POD定价：　48.00元
(如有印装质量问题，我社负责调换)

《红河学院学术文库》总序

甘雪春

红河学院地处红河哈尼族彝族自治州州府蒙自市，南部与越南接壤。2003 年升本以来，学校通过对高等教育发展规律的不断探索、对自身发展定位的深入思考，完成了从专科到本科、从师范到综合的“两个转变”，实现了由千人大学向万人大学、由外延扩大到内涵发展的“两大跨越”，走出了一条自我完善、不断创新的发展道路。在转变和跨越过程中，学校把服务于边疆少数民族地区的经济社会发展、服务于桥头堡建设、服务于培养合格人才作为自己崇高的核心使命，确立了“立足红河，服务云南，辐射东南亚、南亚的较高水平的区域性、国际化的地方综合大学”的办学定位，凸显了“地方性、民族性、国际化”的办学特色，目前正在为高水平的国门大学建设而努力探索、开拓进取。

近年来，学校结合区位优势和独特环境，整合资源和各方力量，深入开展学术研究并取得了丰硕成果，这些成果是红河学院人坚持学术真理、崇尚学术创新，孜孜以求的积累。为更好地鼓励具有原创性的基础理论和应用理论研究，促进学校深入开展科学研究，激励广大教师多出高水平成果和支持高水平学术著作出版，特设立“红河学院学术著作出版基金”，对反映时代前沿及热点问题、凸显学校办学特色、充实学校内涵建设等方面的专著进行专项资助，并以《红河学院学术文库》的形式出版。

学术文库凸显了学校特色化办学的初步成果。红河学院深入实施“地方性、民族性、国际化”特色发展战略，着力构建结构合理、特色鲜明、创新驱动、协调发展的学科建设体系，不断加大力度推进特色学科研究，形成了鲜明的学科特色，强化了特色成果意识。学术文库的出版在一定程度上凸显了我校的办学特色，反映了我校学者在研究领域关注地方发展、关注民族文化发展、关注边境和谐发展的胸怀和视域。

学术文库体现了学校力争为地方经济社会发展做贡献的能力和担当。服务社会是大学的使命和责任。学术文库的出版,集中展现了我校教师将科研成果服务于云南“两强一堡”建设、服务于推动边疆民族文化繁荣、提升民族文化自信、助推地方工农业生产、加强边境少数民族地区统筹城乡发展的追求和担当,进一步为促进民族团结、民族和谐贡献智慧和力量。

学术文库反映了我校教师在艰苦的条件下努力攀登科研高峰的毅力和信心。我校学者克服了在边疆办高等教育存在的诸多困难,发扬了蛰居书斋,沉潜学问的治学精神。这批成果是他们深入边疆民族贫困地区做访谈、深入田间地头做调查、埋头书斋查资料、埋头实验室做研究等辛勤耕耘的成果。在交通不畅、语言不通、信息缺乏、团队力量薄弱、实验室条件艰苦等不利条件下,学者们摒弃了“学术风气浮躁,科学精神失落,学术品格缺失”的陋习,本着为国家负责、为社会负责、为学术负责的担当和虔诚,展现了追求学术真理、恪守学术道德的学术品格。

本次得到学校全额或部分资助并入选文库的著作涵涉文学、经济学、政治学、教育学等学科门类的七部专著,是对我校学术研究水平的一次检阅。尽管未能深入到更多的学科领域,但我们会以旺盛的学术生命力在创造和进步中不断进行文化传承和科技创新,以锲而不舍的精神和舍我其谁的气质勇攀科学高峰。

“仰之弥高,钻之弥坚;瞻之在前,忽焉在后”,对学术崇高境界的景仰、坚韧不拔的意志和自身的天分与努力造就了一位位学术大师。红河学院人或许不敢轻言“大师级”人物的出现,但我们有理由坚信:学校所有热爱科学研究的广大师生一定能继承发扬过去我们在探索路上沉淀的办学精神,积蓄力量、敢于追梦,并为努力实现“国门大学”建设的梦想而奋勇前行。当然,《红河学院学术文库》建设肯定会存在一些问题和不足,恳请各位领导、各位专家和广大读者不吝批评指正,以期帮助我们共同推动更多学术精品的出版。

前言

FOREWORD

传动系统是直升机的三大重要动部件之一，也是最易受损的部件之一，它直接影响直升机的安全性。当润滑系统出现故障时，整个传动系统将处于无润滑油工作状态，由于急剧的温升热膨胀，可能使齿轮失去工作间隙，引起接触表面塑性变形、胶合或过度磨损，使减速器在短时间内破坏，造成灾难性的后果。美国、欧洲、日本和俄罗斯等国家和地区均对武装直升机有 30～60 min 的干运转能力要求，即在失油条件下，传动系统（主减速器及尾传动减速器）能工作一定的时间，以便飞行员脱离作战环境，寻找着陆点。

十年前，国内多家单位、多名专家研究这一课题，结果不理想后纷纷放弃。最近几年，作者一直从事直升机减速器微量润滑研究。本书是在美国 Morales 和 Handschuh 等对直升机减速器进行抗磨剂的油雾润滑基础上继续进行的。到目前为止，含抗磨剂的油雾润滑只有美国 Morales 和 Handschuh 等研究过，并且现在一直在进行添加剂的油雾润滑方面研究，历时已 10 年之久。我们进行的含抗磨剂的油雾润滑在国内属第一次开展，而含抗磨剂的油气润滑用于直升机传动系统干运转在国内外均是首次。油雾和油气润滑耗油量少，能减轻直升机的质量；压缩空气能很好地散热，故润滑效果好；油雾和油气润滑目前仅局限于对基础油或切削液，而在基础油或切削液中加入不同性能添加剂的油雾润滑和油气润滑的研究却极少；极压抗磨剂的研究目前仅局限于浸油等充分润滑情况，油雾和油气润滑条件下抗磨剂的研究一直未得到关注。本书的创新点在于所做研究是上述两者研究情况的综合。

本书由管文博士撰写。本书的研究，得到国家重点基础研究发展计划（973 计划，2007CB607600）和中国科学院兰州物理化学研究所开放基金的资助。本书的撰写，得到戴振东、吴伏家、周海三位教授支持。本书的出版，得到红河学院学术著作出版基金的资助。在此一并表示衷心感谢！

由于书中介绍的内容尚处于研发阶段，存在争议也属正常。书中存在疏漏或不妥之处，敬请读者批评指正。作者邮箱 gwgw2005@126. com。

管　文

2015 年 3 月

目录

CONTENTS

第1章 绪论

直升机传动系统通常包括主减速器、中间减速器、尾减速器、动力输入轴、主旋翼轴和尾传动轴。不同的直升机,传动系统也不尽相同[1]。直升机传动系统的作用是将发动机的功率和转速按需要传递给主旋翼、尾桨和各个附件。

传动系统是直升机的重要动力部件,其性能和可靠性直接影响直升机的性能和可靠性[2-5]。

1. 主减速器

主减速器的主要作用是将一台或多台发动机的功率合并在一起,并按需要分别传给主旋翼、尾桨和相关附件。主减速器主要由以下部分组成:① 齿轮减速器;② 改变运动方向的锥齿轮传动;③ 离合器;④ 驻车制动装置;⑤ 润滑系统。对军用直升机,除了具有正常的润滑系统,还应具备应急润滑系统[6-8],以提高直升机的生存力和战斗力。

2. 中间减速器

中间减速器通常由一对圆锥齿轮、轴承和齿轮箱等构成。主要作用是改变运动方向,也可改变转速。中间减速器通常采用飞溅式润滑,没有设置专门的冷却装置。当然,不是所有的直升机都有中间减速器。

3. 尾减速器

尾减速器主要由一对圆锥齿轮、轴承、操纵系统和齿轮箱等构成。尾减速器通常采用飞溅式润滑,没有设置专门的冷却装置。

4. 传动轴

传动轴包括动力输入轴、主旋翼轴和尾传动轴。

1.1 直升机传动系统干运转的国内外研究现状

传动系统是直升机的三大重要动部件之一，也是最易受损的部件之一，它直接影响直升机的安全性。当润滑系统出现故障时，整个传动系统将处于无润滑油工作状态，由于急剧的温升热膨胀，可能使齿轮失去工作间隙，引起接触表面塑性变形、胶合或过度磨损，使减速器在短时间内破坏，造成灾难性的后果。美国、欧洲、日本和俄罗斯等国家和地区均对武装直升机有 30～60 min 的干运转能力的要求[9-11]，即在失油条件下，传动系统（主减速器及尾传动减速器）能工作一定的时间，以便飞行员脱离作战环境，寻找着陆点。目前，国外一些机型的直升机干运转能力据报道已达到或超过 1 h[12]，如超级美洲豹 EC225 的干运转能力为 52 min；UH－60 黑鹰、阿帕奇 AH－64A、EH－101 的干运转能力接近 1 h；贝尔 AH－1 G/S的干运转时间可达 4 h。但以上机型的直升机传动系统干运转的解决方案均未见报道。我国直升机的干运转能力是否超过 30 min，也未见报道。本书查到了两种应急技术方案：一是增加一套应急的液压润滑系统。该方案已在法国某海上反潜直升机上采用[13]。二是油雾润滑技术[14,15]。美国 NASA 研究报告显示 Morales 和 Handschuh[16]在 1993～2011 年一直从事航空油的油雾润滑抗磨剂[17,18]的研究。

1.1.1 增加一套应急的液压润滑系统

图 1.1 润滑方案曾经在法国某型号直升机主减速器上使用。正常工作状态

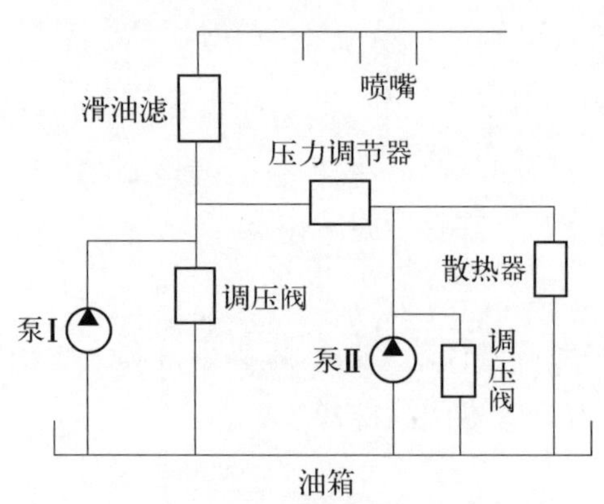

图 1.1 液压应急润滑系统(a)

下，油泵Ⅰ的润滑油通过主减速器内部油路对齿轮、轴承进行润滑。油泵Ⅱ的润滑油经过散热器冷却后流回油箱，油泵Ⅱ在正常工作状态下，只起冷却润滑油的作用。当油泵Ⅰ供油不足时，油泵Ⅱ的润滑油通过压力调节器进行补充供油，以保持主减速器的供油压力和流量稳定。油泵Ⅰ的润滑油经过主减速器的内部油路，故不易被破坏。当外部油路遭破坏后，油泵Ⅰ的润滑油仍可单独对减速器的齿轮、轴承润滑，只是外部油路破坏后，润滑油不再被冷却和散热。

该方案的缺陷：① 正常工作状态时，两个泵一直处于运转的状态，导致油泵电机的功率损耗大，也降低了油泵的寿命；② 泵Ⅰ出口处的油液没有被直接冷却，故该方案对齿轮、轴承的冷却散热效果差。

图1.2曾是法国另一种型号的直升机主减速器润滑方案：通过两套独立的外部供油系统为主减速器供油。由于油滤中设有防止润滑油倒流的单向阀，故当一条油路失效后，另一条油路可单独供油。其缺陷是：① 两条油路均是外部管路，极易受到敌方的攻击破坏，造成两套油路同时失效，故该方案的安全性不足；② 设置两套散热器，增加了直升机的质量。

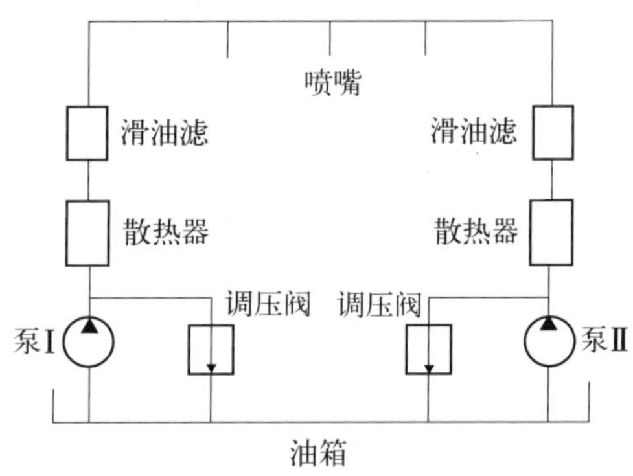

图1.2　液压应急润滑系统(b)

图1.3这种润滑方案的润滑系统在主减速器正常工作时，由主油泵单独供油，润滑油经外部管路，由散热器冷却后，对主减速器的齿轮和轴承进行润滑和冷却。当主油泵供油不足，使油路压力降低时，辅助泵补充供油。辅助泵提供的润滑油通过主减速器的内部油路，对减速器的齿轮和轴承进行润滑。当外部油路或散热器被破坏而发生油液泄漏时，主油泵停止供油(因油面降低，主油泵吸不到油)，此时，辅助泵单独供油，以维持主减速器齿轮和轴承的基本润滑需求。辅助泵提供的润滑油通过主减速器的内部油路。

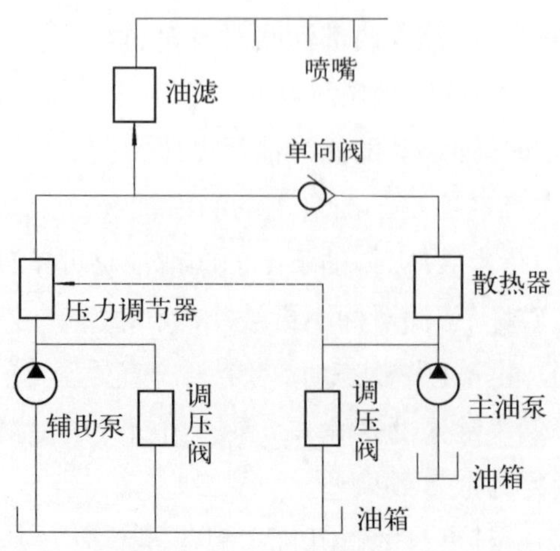

图 1.3　液压应急润滑系统(c)

与图 1.1 方案对比,图 1.3 方案有明显的优势：① 散热器安装在主油泵的出口处,使进入主减速器的润滑油冷却,故图 1.3 方案的齿轮和轴承的散热效果比图 1.1方案好;② 图 1.3 方案的辅助泵只起辅助作用,是间歇供油,故降低了辅助泵电机的功率损耗,也降低了成本,且提高了辅助泵的使用寿命。图 1.1 方案和图 1.3方案的应急润滑系统均没有冷却散热装置,因此应急润滑的时间不会太长。齿轮、轴承产生的摩擦热使润滑油的温度升高很快,导致润滑油的性能下降,润滑油的黏度也降低。润滑油的黏度降低导致润滑油的流速快,使润滑油停留在摩擦副的时间短,进而导致润滑作用降低。

以上三种方案的主油泵和辅助泵均共用一个油箱,如油箱破坏,则三种方案均不具备“应急润滑”的功能。以上三种方案是否达到 30 min 的运转能力,也没有报道。目前,不断有直升机的传动系统干运转能力接近或超过 60 min 的报道,显然不是法国采用的方案,但法国采用的方案使直升机减速器的改进相对容易。

我国目前也正进行直升机减速器应急润滑系统的设计改进,主要办法是借鉴国外直升机主减速器的设计方案。东安集团采用了法国海上反潜直升机主减速器的润滑油路图 1.3,对我国某型号直升机主减速器进行了下列改进：① 将原来的单级润滑油泵改为由主油泵和辅助泵组成的复合式双联润滑油泵;② 在滑油滤上增加了一个单向阀。东安集团通过对我国某型直升机主减速器的改进,使我国直升机主减速器也具有了应急润滑的功能。目前我国以图 1.3 方案改进的直升机主减速器已进入了批量生产。

1.1.2 稀油润滑

1. 稀油润滑的应急系统

1993 年卡门航空公司(Kaman Aerospace Corp)发表了发动机端部齿轮箱和输入/附件齿轮箱干运转能力的实验结果：增加齿轮侧向间隙、选用热强度高的材料、采用应急润滑系统保持传动零件有正常润滑的 40%供油量,可以达到 30 min 的干运转能力。但具体的方案未见公开。

2. 含抗磨剂的油雾润滑

美国 Morales 和 Handschuh 的 NASA 报告显示：1993～2011 年,其一直进行航空油的油雾润滑抗磨剂的研究,如 2001 年用磷酸酯、2007 年用聚苯硫醚混合物作添加剂,在航空钢直齿轮上进行油雾润滑试验研究。其试验原理及试验装置见图 1.4 和图 1.5。

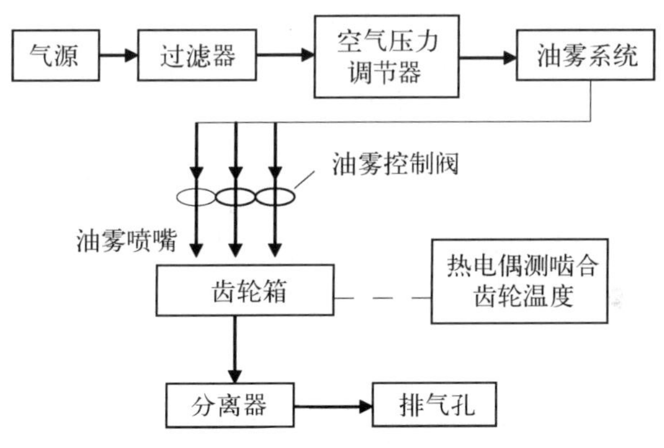

图 1.4 Morales 等的油雾润滑系统原理

美国格林研究中心 2007 年将 4 种成分的聚苯硫醚混合物[19](图 1.6)添加到航空润滑油中,搅拌均匀,在 2 个齿面渗碳的 AISI9310 航空钢直齿轮上进行喷油雾润滑试验(图 1.7),齿轮齿数为 28、转速为 10 000 r/min、最大接触应力为1.2 GPa。试验结果显示：齿轮运转 35 h 后,主动齿轮磨损量仅8 mg、从动齿轮磨损量仅 6 mg,试验过程中的热电偶温度上升到 107℃后就基本保持恒定。

但也许是印刷错误,图 1.6 所示的聚苯硫醚混合物被中国科学院兰州物理化学研究所及我国多家化工研究部门确认为“错误”或“不存在”。

图 1.5 Morales 等使用的油雾润滑装置

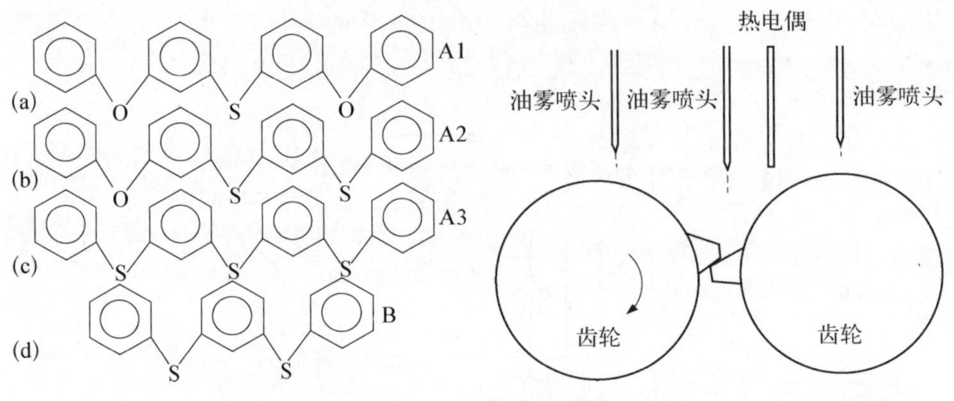

图 1.6 聚苯硫醚混合物

图 1.7 添加剂为硫醚的油雾润滑

2007 年，Mullen 和 Cooper 申请的美国专利 *Secondary lubrication system with injectable additive*，称发明的油雾润滑装置在使用磷酸酯作抗磨添加剂、直升机在小平飞状态下，能使直升机传动系统在失油后飞行达 60 min。

上述这些研究表明：美国是采用油雾润滑方式解决直升机传动系统干运转难题的，但出于国防、经济和技术考虑，具体的技术细节未见公开报道。

1.2 课题的提出

在美国油雾润滑基础上，本书采用了一种新的技术——含抗磨剂的油气润滑[20-24]，并与含抗磨剂的油雾润滑进行摩擦学的性能对比。

1. 采用油雾润滑方式对齿轮油的多种极压抗磨添加剂进行摩擦学研究

选用极压抗磨添加剂的依据如下：

硫系添加剂在高速冲击条件下，可在金属磨损表面形成具有优良极压性能的表面膜，但其在低速高扭矩条件下无效[25-29]；磷系添加剂和硫系相反，磷系添加剂在金属磨损表面形成的表面膜在低速高扭矩条件下具有优良极压性能，而在高速冲击条件下几乎无极压承载作用[30-32]。带涡轮发动机的重型直升机主减速器的减速比达 70 以上，带活塞式发动机的轻型直升机的减速比也难以低到 6～7，如 UH－60A直升机主减速器的输入轴转速 20 900 r/min、输出轴（旋翼轴）转速 258 r/min，EC120 直升机主减速器输入轴转速 6 000 r/min、输出轴（旋翼轴）转速 406 r/min。为兼顾直升机减速器从高速输入轴到低速输出轴的各齿轮、轴承寿命趋于一致，添加剂采用硫、磷复合添加剂[33-36]及其他在高速冲击和低速高扭矩条件下均具有良好抗磨性能的复合添加剂为主进行摩擦学试验研究。

2. 采用油气润滑代替油雾润滑

含抗磨剂的油气润滑，在国内外均未出现过研究的报道，而含抗磨剂的油雾润滑只有美国的 Morales 和 Handschuh 等研究过。油雾润滑和油气润滑都属于气液两相流体的冷却润滑技术[37-40]，都是微量润滑[41-44]。由于油雾润滑和油气润滑耗油量少，能减轻直升机的质量。由于压缩空气能很好地散热，故润滑效果好。油雾润滑具有良好的润滑效果，但与油气润滑相比，还有许多缺点[45-50]（表 1. 1）。

表 1. 1　油雾润滑与油气润滑对比

比较项目	油雾润滑	油气润滑
气流速	2～5 m/s	30～80 m/s
润滑剂流速	2～5 m/s	2～5 cm/s
气压	0. 004～0. 006 MPa	0. 2～1 MPa
加热和凝缩	需要	不需要
润滑剂黏度	较低	不限制
恶劣工况适用性	差	适应
润滑剂利用率	≤60%	≈100%
耗油量	较少	很少
管道布置	向下倾斜	无限制
环保	少量污染	无污染

极压[51-57]抗磨剂的研究目前仅局限于浸油等充分润滑情况，油气润滑抗磨剂的研究一直未得到关注。

本书采用油雾润滑和油气润滑两种微量润滑方式，对不同航空油进行多种极压抗磨添加剂的摩擦学性能试验，以寻找微量润滑条件下抗磨性能最好的添加剂和最好的微量润滑方式。

第 2 章

试验系统设计

试验前，需对试验系统进行设计及确定主要的试验仪器、试验材料、试验参数等。因试验需做几十组，为降低试验的成本，用销盘摩擦磨损试验代替齿轮传动，待试验得出一些规律后，再考虑用直升机减速器啮合齿轮做进一步的试验研究。

2.1 试验路线设计及试验装置

2.1.1 试验路线设计

试验系统(图 2.1)由气源、油雾装置、油气装置、摩擦磨损试验机、上、下试样及油雾润滑与油气润滑抗磨效果对比(摩擦温度、表面质量和磨损宽度)所使用的主要仪器组成。油雾润滑装置(或油气润滑装置)接通气源后，喷出的油雾(或油

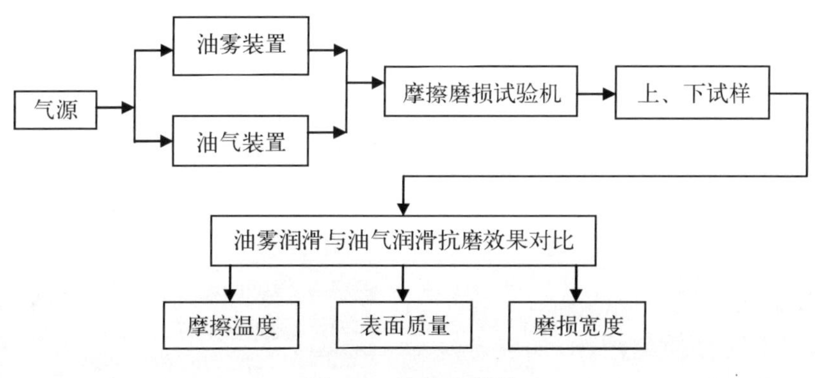

图 2.1　试验路线图

气)到达摩擦磨损试验机的试样摩擦区域,试验过程中测量摩擦区域温度,试验后,测量试样磨损宽度并观察试样磨损表面形貌。

2.1.2 试验装置

1. 摩擦磨损试验机

试验采用 UMT-Ⅱ多功能摩擦磨损试验机,如图 2.2 所示。该仪器是具有长期的稳定性和可重复性的高精密度检测仪器。UMT-Ⅱ摩擦磨损试验机可以对各种涂层/薄膜通过磨/划/压等,测试其显微硬度、润滑与抗磨特性、断裂韧性、抗冲击能力、结合强度、弹性模量、蠕变应力、耐腐蚀性能、抗划痕能力、失效及疲劳评价等。也可对固态或液态润滑质、润滑油的润滑特性和黏滑特性进行评价、对材料的力学性能进行评价,还能提供各种检测模式:针对盘、球对盘、四个球、环对块、盘对盘等,也可模拟汽车活塞环在汽缸中的工况、螺母-螺丝间隙耦合、滑动和滚动的齿轮等工况。

图 2.2 UMT-Ⅱ多功能摩擦磨损试验机

试验采用下样品台旋转工作模式,进行销、盘摩擦磨损试验。

2. 油雾冷却润滑装置

试验用的油雾润滑冷却装置见图 2.3。油雾润滑冷却装置是一种喷雾润滑、冷却系统,由润滑泵、控制器、喷嘴和润滑附件组成。该系统的泵由压缩空气驱动,适应不同介质的液体,如液态冷却液和有黏性的润滑油(黏度在 20～

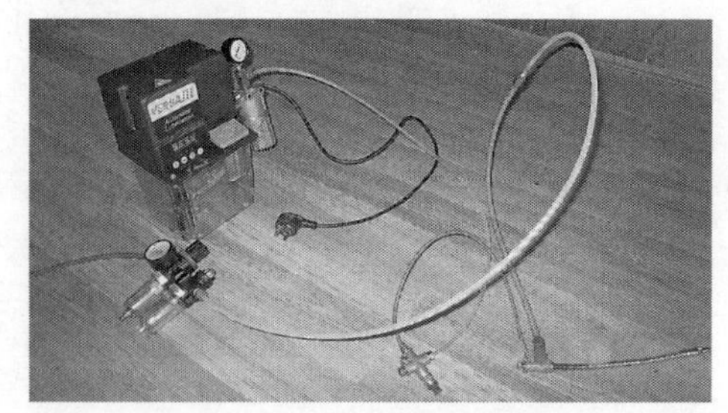

图 2.3 油雾润滑冷却系统

2 000 cst)，甚至各种人造液体如消毒液等。调节喷嘴可控制喷雾状态，达到喷雾细密、雾化均匀和注油精确的目的。油雾润滑对复杂且集中的润滑表面具有独特优点。喷雾嘴可根据被润滑体的运转速度选择相应类型，每台泵用于润滑的可带 25 个喷嘴，用于冷却的可带 5 个喷嘴，用于冷却与润滑兼顾的可带 10 个喷嘴。

该装置的特点：冷却、润滑充分；耗油量微少；安装简单，维修方便。

应用：适用各类机床的金属切削加工的冷却；板材拉伸成型润滑；高速转轴、旋转齿轮及传动链的润滑；木材烘烤(成型)；塑料工业的切割及灌装食品包装的消毒工序等。

对应产品：① 泵：FF、K2000C、WA－L；② 附件：多通双列 T 型分油块、喷嘴、磁性喷嘴支撑架、自动双路阀、双路管道总成、凝缩嘴。

3. 油气润滑装置

试验用的油气润滑装置见图 2.4。系统出口数 2～5 个，压缩空气过滤精度5 μ；润滑油过滤精度 10 μ。该装置由油气分配块、气动泵、气源处理元件、控制部分、喷嘴和螺旋尼龙管等附件组成。油气润滑系统将单独供送的润滑剂和压缩空气混合，形成紊流状的油气混合流，输送至润滑点。

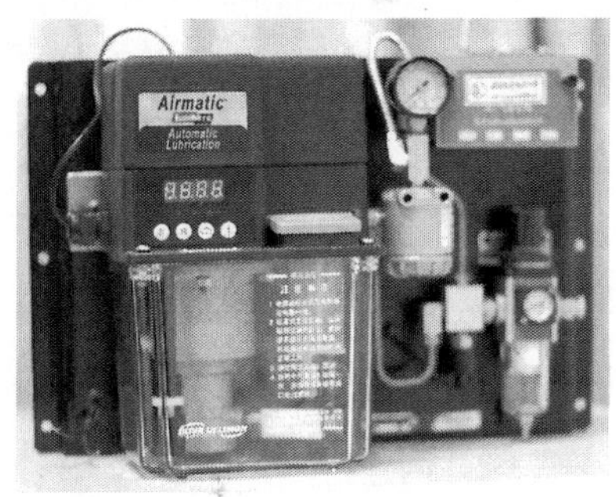

图 2.4 油气润滑装置

1) 油气润滑装置的工作原理

利用压缩空气在管道内的流动，带动润滑油沿管道内壁连续不断地流动，干燥的压缩空气以恒定的压力(0.3～0.4 MPa)连续供给，润滑油是根据各个润滑点的耗油量不同而定量供给的。使用油泵作为输油的动力源，采用分配器分别供给润滑油到各个润滑点。油和气进入润滑点之前先进入油气混合阀，在油气混合阀里，流动的压缩空气把油吹成细小的油滴，附着在管壁上形成油膜。油膜随气流的方向沿着管壁流动，在流动过程中，油膜厚度逐渐变薄，最后到达各个润滑点。

2) 油气润滑装置的应用场合

(1) 难以达到的润滑点只能通过所产生的喷射油束进行润滑；

(2) 轴承需要防止灰尘、水和有毒气体进入；

(3) 采用润滑脂或润滑油润滑会产生不允许的发热；

(4) 采用其他或特殊润滑技术时必须经常更换润滑材料而引起高费用的情况；

(5) 需要将最精确的油膜喷在平面上的工况；

(6) 转速较高的轴承(DN 值在 250 000～3 500 000 时选用油气润滑)，如磨床主轴。

注：DN 值＝$D\times N$(D 为轴承中径，mm；N 为轴承转速，r/min)。

主要部件：油气系统；专用附件(螺旋尼龙管、喷嘴)。

3) 44374 型油气润滑装置的特点

(1) 供油精确。油可以精确计算，按照不同的需要输送到每一个润滑点。

(2) 耗油量微少。

(3) 不存在高黏度润滑油雾化困难的问题。

(4) 具有一定的空气冷却效果，可延长摩擦件的使用寿命。

(5) 有利于环境保护。因为没有油雾，故周围环境不受污染。

(6) 可以监控。系统的工作情况很容易实现电子监控。

4. 空气压缩机

试验用的气源是常见的小型空气压缩机(台州奥突斯 ZBM－0.1//8 型)。出口压力 0～0.8 MPa、容积流量 0.1 m^3/min、电压 220 V、功率 1.5 kW。试验中，小型空气压缩机是油雾润滑装置和油气润滑装置的共同气源。

5. 磨痕形貌测量仪

用日本 KEYENCE 公司生产的超景深三维显微镜(型号 VHX－600E)观察上试样的磨痕形貌，并测量上试样的磨痕宽度。该显微镜是专业用于显微观察及图像采集处理的具有无级变焦功能的大景深、长工作距离的三维显微镜。配备的 VH－Z00R 镜头放大倍率 0～50 倍，视场(对角线)范围 7.6～4 000 mm，工作距离达 95 mm。配备的 VH－Z100R 镜头放大倍率 100～1 000 倍，视场(对角线)范围 0.38～3.81 mm，工作距离 25 mm。图像最高分辨率达 5 400 万像素。独特的景深合成功能能弥补显微镜高倍情况下景深不足的缺陷，可以进行叠加显示三维立体图像，后期处理过程方便，具备快速自动合成和手动调焦合成的功能。该设备具有对微细变化过程进行显微录像的功能。可手持观察，也可进行多角度倾斜夹角观察。具有反射和透射两种照明方式。

6. 表面粗糙度磨痕仪

试验用的表面粗糙度磨痕仪是由上海泰明光学仪器有限公司生产的 JB－5C 粗糙度轮廓仪。该仪器广泛应用于汽车、机床、机械加工、模具、轴承、光学加工、精密五金等行业，可测量各种精密机械零件的粗糙度和轮廓形状参数、用拟合法评定圆弧和直线等，可测量水平距离、垂直距离、圆弧半径、倾斜度、凸度、直线度、沟心距、台阶等形状参数，还可对各种零件表面的粗糙度进行测试，对平面、斜面、内孔表面、深槽表面、外圆柱面、圆弧面和球面的粗糙度进行测试，并实现多种参数测量。

试验用 JB－5C 粗糙度轮廓仪测量上、下试样的磨损表面粗糙度值。

7. 热电偶

试验用热电偶测量上试样摩擦区域的温度。

2.2　试验材料

2.2.1　磨损试样

国外应用于航空发动机齿轮的材料有：M50NiL、0.18C－1Cr－0.4Mo、12X2H4A、20X3MBOA、0.2C－0.35Mn－2Ni－0.8Mo－0.02Nb、3.5Ni－1.8Cr－0.4Mo－0.1V 等。我国航空齿轮材料有 12Cr2Ni4A、38CrMoAlA、12CrNi3A、20CrMo、18Cr2Ni4WA，其他国家也有相近的牌号。我国直升机机型采用 12Cr2Ni4A 和 18Cr2Ni4WA 型钢较多[58]，故本书用 12Cr2Ni4A 钢作为试样的试验材料。

12Cr2Ni4A 钢强度高、韧性好、淬透性良好，渗碳淬火后表面层硬度及耐磨性都好，冷变形时塑性好。该钢用作交变应力、高负荷工作的大型渗碳件，如受高负荷的各种蜗轮、蜗杆、齿轮、轴等构件。12Cr2Ni4A 钢属第一代航空齿轮钢[59]，是低合金表层硬化钢，低温回火后常温使用，具有常规要求的使用性能。

12Cr2Ni4A 钢的力学性能如表 2.1 所示，化学成分见表 2.2。

表 2.1　12Cr2Ni4A 钢的力学性能

伸长率	断面收缩率	屈服强度	抗拉强度	硬度	冲击韧性	冲击功
≥10%	≥50%	≥835 MPa	≥1 080 MPa	≤269 HB	≥88 J/m^2	≥71 J

表 2.2 12Cr2Ni4A 钢的化学成分

C	Cr	Ni	Si	Mn	S(允许含量)	P(允许含量)	Cu(允许含量)
0.10～0.16	1.25～1.65	3.25～3.65	0.17～0.37	0.3～0.6	≤0.035	≤0.035	≤0.03

注：表中为质量百分含量

2.2.2 极压抗磨添加剂

1. 试验选用极压抗磨添加剂的依据

润滑油添加剂是润滑油的重要组成部分，在润滑油中加入少量添加剂就能改善油品的一种或多种性能。添加剂的发展决定了润滑油的发展趋势[60-64]。常用的齿轮油添加剂主要包括极压抗磨剂、防锈剂、抗氧剂、油性剂、分散剂、抗泡剂、防腐剂、破乳剂、降凝剂、黏度指数改进剂等。最重要的齿轮油添加剂是极压抗磨剂。极压抗磨剂是指在极压条件下，如低速高负荷或高速冲击负荷等摩擦条件下，润滑添加剂防止摩擦面发生擦伤、烧结的能力。

极压抗磨剂在摩擦面与金属起化学反应，生成剪切力和熔点都比原金属低的化合物，构成极压固体润滑膜[65]，具有防止擦伤、烧结和抗磨损的性能。通常，极压抗磨剂为含硫、磷和氯等活性元素的添加剂，另外，还有有机金属盐类、硼酸盐类和稀土类极压抗磨剂，杂环类和纳米粒子也可用作极压抗磨剂。

1) 含氯添加剂

最常用的含氯添加剂为氯化石蜡，其反应活性高、极压性能好且价格低廉，在切削加工和设备润滑等领域得到广泛应用。氯化石蜡的抗磨机理是：C—Cl 键在摩擦力和载荷作用下发生断裂，分解的氯与金属反应形成具有减摩抗磨作用的氯化铁保护膜：$RCl_n + Fe \rightarrow FeCl_2 + RCl_{n-2}$，氯化铁具有层状结构，剪切强度低，具有减摩作用。但氯化物易水解生成氯化氢，在高温和潮湿环境下分解失效，并可导致金属腐蚀，故在高湿度或水环境条件下，不宜使用氯化石蜡作添加剂。氯化铁熔点较低，在 350℃失效，因此含氯添加剂不宜在高温条件下使用。

随着人们环境保护意识的增强，润滑技术不仅要关注其使用效能，同时也要关注其生态效能，发展环境友好润滑剂[66-70]已成为全球的共识。“环境友好润滑剂”要求润滑剂既具有良好的润滑性，还要对环境的不良影响最小，即要求添加剂低毒性、低污染并可生物降解。含氯添加剂具有腐蚀作用且对环境有害，如短链氯化石蜡具有致癌作用，并可导致水生生物中毒。考虑到环保问题，本书未选用含氯添加剂。

2）含硫添加剂

工业齿轮润滑油应用最多的含硫添加剂有硫化异丁烯、硫化棉籽油、硫化烯烃棉籽油和硫磷酸酯等。这些极性含硫化合物均能在金属表面形成物理吸附膜或化学吸附膜，从而起到减摩抗磨的作用。随着摩擦副接触表面温度的升高，分子中的S—S键断裂，并同金属发生化学反应，形成硫醇铁膜而起减摩抗磨作用。极压条件下，分子中的C—S键断裂，释放的活性硫原子同铁反应生成硫化铁膜，从而起到极压抗磨作用。本书选用齿轮油最常用的硫化异丁烯（sulfurized isobutylene）做试验用的润滑油添加剂，由于其硫含量高、活性硫多，硫化异丁烯作为极压抗磨添加剂在各类切削油和齿轮油中得到广泛的应用[71]。

3）含磷添加剂

含磷添加剂是一种保护齿轮齿面的重要添加剂，齿轮油常用的磷系添加剂为磷酸酯和亚磷酸酯，二者在边界润滑条件下均能起到良好的抗磨作用。中性磷酸酯的活性较弱，不易在摩擦表面形成化学保护膜，而酸性磷酸酯的活性较强，承载能力优于中性磷酸酯，但在重负荷条件下，易导致化学腐蚀磨损。考虑到磷系添加剂具有化学腐蚀磨损[72,73]的缺陷，本书的试验未选用单剂的磷系添加剂。

4）硫、磷复合型[74-77]极压抗磨添加剂

磷系添加剂在金属磨损表面形成的表面膜，在低速高扭矩条件下具有优良的极压性能，但其在高速冲击条件下几乎无极压承载作用；硫系添加剂在高速冲击条件下，可在金属磨损表面形成具有优良极压性能的硫化物表面膜，但其在低速高扭矩条件下无效。合理利用硫系与磷系复合，可使齿轮在高速冲击和低速高扭矩条件下，同时具有良好的使用性能。

硫-磷型极压抗磨剂具有复配性能好、承载能力高、生产工艺简单、润滑性能优良等优点。试验选用硫-磷型极压抗磨添加剂的典型代表二烷基二硫代磷酸锌ZDDP[78-82]。ZDDP(Zinc Dialkyl Dithiophosphates)是一类具有极压、抗磨、减摩、抗氧和抗腐蚀等优良性能的有灰型多功能润滑添加剂，并具有较好的热稳定性和低毒性。其生产工艺简单、原料来源广泛，成本低，因而性价比高，自20世纪40年代以来便是内燃机油等不可缺少的添加剂，并在液压油、齿轮油中得到了广泛的应用。ZDDP系列主要型号有：硫磷丁辛伯烷基锌盐（T202）、硫磷双辛伯烷基锌盐（T203）、碱式硫磷双辛伯烷基锌盐（T204）、硫磷丙辛仲伯烷基锌盐（T205）、硫磷伯仲烷基锌盐（T206）和硫磷伯仲辛烷基锌盐（T207），其中T202是一种性能较全面的抗氧、抗腐添加剂，适用于各种领域，已经有70～80年的生产历史。

5）含氮复合型[83,84]极压抗磨添加剂

酸性磷酸酯具有很好的极压抗磨性能，但其活性较高，磷消耗较快，易导致腐蚀磨损。为了扬长避短，采用胺中和酸性磷酸酯，可以得到活性相对较低的复合型添加剂。硫-磷-氮型（S－P－N）及磷-氮型（P－N）复合极压抗磨添加剂的性能均优于磷型单剂，具有较好的抗磨、抗氧化和防锈性能，同时具有良好的协同减摩、抗磨和极压承载作用。考虑到含氮添加剂能抑制磷的过度腐蚀，故试验选用了含氮复合型极压抗磨添加剂 T307 和 T391。

2. 试验用极压抗磨添加剂

试验选用极压抗磨添加剂的原则是：对环境无害、少腐蚀且是典型的齿轮油极压抗磨添加剂。由于含氯添加剂具有腐蚀作用且对环境有害，故本试验未选用含氯添加剂；磷系添加剂的化学腐蚀磨损严重，本书也排除了单剂的磷系添加剂。试验选用了齿轮润滑油中最常用的含硫添加剂硫化异丁烯（T321）、硫和磷复合型极压抗磨剂 T202、含氮复合型极压抗磨添加剂 T307 和 T391，作为试验用润滑油的极压抗磨添加剂。这些极压抗磨添加剂是由中国科学院兰州物理化学研究所提供的。

1）T321（硫化异丁烯）

润滑油添加剂 T321（sulfurized isobutylene）是采用直接法硫黄和异丁烯为原料或替代法硫黄、氯气和异丁烯为原料制得的含硫添加剂的单剂。

产品特点：可调制各类中、高档齿轮润滑油、抗磨液压油、润滑脂和切削油，其极压抗磨性能优良、油溶性好、铜腐蚀低。T321 性能指标见表 2.3。

表 2.3　T321 性能指标

S	44.0%
运动黏度	8.0 mm^2/s（100℃时）
密　度	1 150 kg/m^3（20℃时）
铜腐蚀	3 级（121℃、3 h）
开口闪点	不低于 100℃

2）T307（硫代磷酸复酯胺盐）

硫代磷酸复酯胺盐（ammonium thiophsphonate），具有优良的极压性、抗磨性和化学稳定性，用于中、重负荷齿轮油等油品，与其他添加剂复合，可调制中、重负荷车辆齿轮油和重负荷工业齿轮油，在储存、装卸及调油时，最高温度不应超过 75℃。该产品无腐蚀性且不易燃、不易爆，在环保、使用、安全等方面不用进行特殊防护。T307 性能指标见表 2.4。

表 2.4　T307 性能指标

P	≥8.5%
N	≥1.4%
S	≥10.0%
水　　分	≤0.15%
开口闪点	≥115℃
铜片腐蚀	≤2b 级(100℃ 3 h)

3) T202(硫磷丁辛伯烷基锌盐)

本书选用硫-磷型极压抗磨添加剂 ZDDP 中的 T202(硫磷丁辛伯烷基锌盐，Parathion Ding Simbo alkyl zinc salt)做试验润滑油的极压抗磨添加剂。T202 性能指标见表 2.5。

表 2.5　T202 性能指标

S	12.0%～18.0%
P	6.0%～8.5%
Zn	8%～10%
密　　度	1 120 kg/m³(20℃时)
pH	≥5.5
运动黏度	14 mm²/s(100℃时)
热分解温度	≥220℃
开口闪点	≥180℃
水　　分	≤0.08%

4) T391(无灰有机磷酸盐)

试验用 T391(Ashless organic phosphonate)为淡黄色透明液体，具有良好的极压抗磨性和油溶性，与其他添加剂复合，可调配无灰抗磨液压油和中、重负荷工业齿轮油，车辆齿轮油，蜗轮蜗杆油，抱轴瓦油和冲压油等。T391 性能指标见表 2.6。

表 2.6　T391 性能指标

P	7.0%
N	3.2%
密度	928 kg/cm³(20℃时)
pH	弱酸
PB	114 kg
PD	250 kg
D	0.40 mm (40 kg,30 min)
铜腐蚀	1a 级(100℃ 3 h)

2.2.3 试验用基础油

试验基础油的选用原则是选用直升机减速器上使用的航空润滑油。试验中使用了两种航空润滑油：一种是中国生产的 926 合成航空润滑油；一种是美国生产的 DOD－L－85734 航空润滑油。

试验用 926 航空润滑油是由中国空军油料研究所生产的，是以酯类油为基础油，并加有抗磨、抗腐、抗氧、抗泡等添加剂组成。926 合成航空润滑油具有良好的高温抗氧化性、低温稳定性和抗泡沫性。926 合成航空润滑油可用于直升机发动机、主减速器和辅助动力装置的润滑。主要用于米－8 直升机和米－17 直升机等的发动机、主减速器、发动机辅助动力装置及空气起动机，也适用于使用 B－3B 和 JI3－240润滑油的其他飞机。

试验用 DOD－L－85734 航空润滑油是由美国 Royal Lubricants 公司生产的，该产品含有磷酸三甲苯酯(tricresyl phosphate)。

2.3 试验参数的确定

2.3.1 试样形状及表面处理

为减小试验的成本，本书用销盘摩擦磨损试验代替齿轮啮合传动。为适应 UMT－Ⅱ摩擦磨损试验机，上试样做成 ϕ10 mm×4 mm 的小圆柱、下试样做成ϕ98 mm×4 mm 的圆盘。试验过程模拟齿轮啮合方式：上、下试样采用线接触(图 2.5)。

图 2.5　上、下试样接触方式

上试样的夹具见图 2.6。

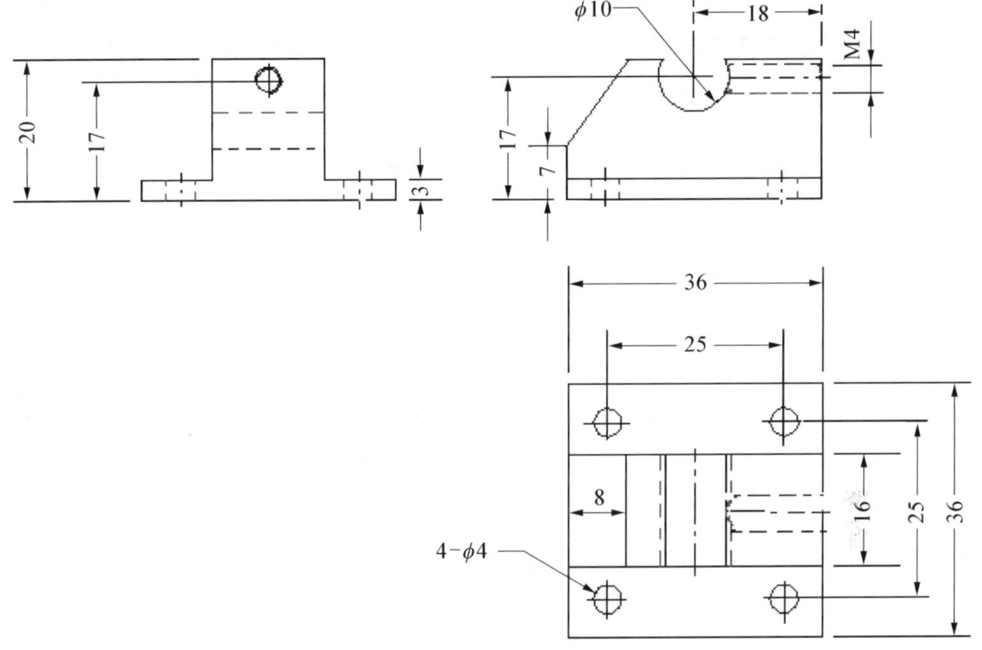

图 2.6　上试样夹具

航空齿轮严格规定表层中的含碳量、组织均匀性、晶粒度和化学热处理等，即表面要有较高硬度、心部有一定韧性。航空齿轮经过化学热处理后的表层硬度不低于 60HRC、心部硬度为 31～41 HRC，以适应齿轮工作环境。12Cr2Ni4A 钢的渗碳硬化处理占航空齿轮的 75%以上[85]。本书上、下试样的表面处理与直升机减速器啮合齿轮的技术要求相同：渗碳深度 0.8～1.0 mm、表面硬度不低于 60HRC。

2.3.2　试验环境

试验确定在室温下进行。因含极压抗磨添加剂的油雾润滑用于直升机传动系统干运转，在国内属首次开展，而含极压抗磨添加剂的油气润滑用于直升机传动系统干运转，在国内外均属首次开展。故从最基础的探索性研究开始，待总结出试验和润滑的一些规律后，再用直升机啮合齿轮进行含极压抗磨添加剂的微量润滑试验，最后再模拟直升机减速器在失油工况下进行含极压抗磨添加剂的微量润滑研究。这样安排的顺序是为了减小试验的成本。

由于上试样的体积小，上试样的摩擦磨损性能受环境温度影响大，故试验决定在 2 种室温下进行：① 夏季，温度 28～35℃；② 冬季，温度 10～16℃。以便发现不同环境温度对摩擦磨损性能的影响。

为保证摩擦试样在相同的摩擦学工作状态，对比的每组试验采用相同的室温、采用同一批加工及热处理的试样、采用相同的试验操作人员。

2.3.3 试样的赫兹接触应力和相对滑动速度

1. 赫兹接触应力

试验的载荷是 100 N，按赫兹接触应力[86]的计算模型（图 2.7），计算出的赫兹接触应力是 424.4 MPa，这与直升机减速器啮合齿轮的赫兹接触应力相当。

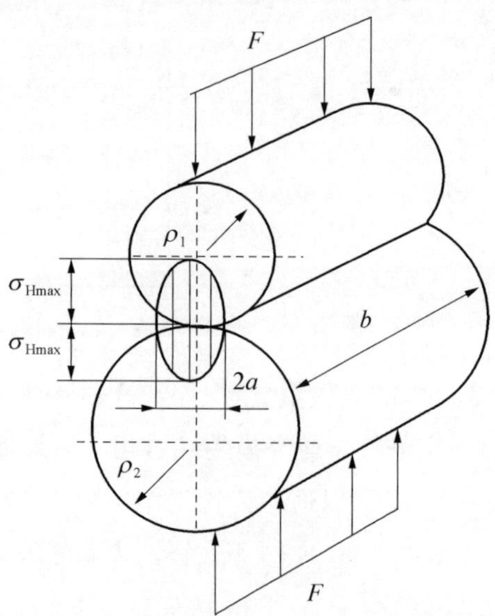

图 2.7 赫兹接触应力的计算模型

最大接触应力 σ_{Hmax}：

$$\sigma_{\mathrm{Hmax}} = \frac{4}{\pi}\frac{F}{ab} = \sqrt{\frac{F}{\pi b}\frac{\frac{1}{\rho}}{\frac{1-\mu_1^2}{E_1}+\frac{1-\mu_2^2}{E_2}}} \tag{2-1}$$

当 $\mu_1 = \mu_2 = 0.3$ 和 $E_1 = E_2 = E$ 时

$$\sigma_{\mathrm{Hmax}} = 0.418\sqrt{\frac{FE}{b\rho}} \tag{2-2}$$

式中，ρ——综合曲率半径，$1/\rho = 1/\rho_1 \pm 1/\rho_2$，其中，“+”号用于外接触，“−”号用于内接触；平面和圆柱或球接触，则取平面曲率半径 $\rho_2 = \infty$；

E——综合弹性模量，$E = (2E_1E_2)/(E_1 + E_2)$，其中，$E_1$ 和 E_2 是两接触体材料的弹性模量；

μ_1、μ_2——两接触体材料的泊松比。

2. 相对速度

上、下试样的摩擦中心距旋转中心 25 mm，上试样不动而下试样以1 000 r/min 的速度旋转，计算出上、下试样摩擦中心的相对滑动速度是 2.62 m/s。由于上试样的体积小且做连续的相对滑动，而直升机减速器齿轮的体积大，且每旋转一周，每个轮齿才相对滑动一次，2.62 m/s 的相对滑动速度对上试样是较恶劣的摩擦工况。尽管齿轮和滚动轴承的工作状态是既有滚动又有滑动，既有挤压运动又有相对滑动，但对摩擦磨损起主要作用的是相对滑动。上试样内侧和外侧的相对滑动速度不同，导致上试样内侧和外侧的磨损量也不同，内侧磨损量小而外侧磨损量大。测量上试样磨痕宽度时，以中心处的磨痕宽度为准。

为了充分利用试样材料，使上、下试样相对滑动速度为 2.62 m/s 的下试样转速有多种，如摩擦中心距旋转中心 30 mm 时，下试样的转速为 833.3 r/min；摩擦中心距旋转中心为 20 mm 时，下试样的转速为 1 250 r/min。

第 3 章

极压抗磨剂对不同航空油的油雾润滑试验研究

3.1 引　言

通常的润滑方式主要有脂润滑和油润滑。脂润滑主要应用于速度较低，经常正反转和重复短时工作的各种轴承及采用油润滑很难保证可靠密封的零部件。油润滑一般用于长期、重载、高速运转的设备。随着机械应用的范围越来越广，特别是应用在复杂、恶劣的环境及要求重载、高速等条件下，给设备润滑的管理和维护带来一定困难和问题，使原有的润滑方式不能满足设备的新的润滑要求。油雾润滑是介于脂润滑和油润滑之间的一种润滑方式，20 世纪 30 年代，油雾润滑在欧洲出现，到了 50 年代传到美国，目前已成功应用于冶金行业中的轧机、铝箔轧机生产线等的滚动轴承、滑动轴承、齿轮轴承、齿轮、涡轮、链条及活动导轨等各种摩擦副中。油雾润滑属于气液两相流体冷却润滑技术，是一种微量的润滑方式，是以压缩空气作为动力，使油液雾化，产生一种像烟雾一样的、粒度在 2 μm 以下的干燥油雾，然后经管道输送到润滑部位。

3.1.1　油雾形成原理

生成雾的常见方法有超声雾化、文氏管、旋动射流等。这里以文氏管生成雾的方法来说明油雾形成的过程。

文氏管喷嘴雾化原理如图 3.1 所示。高速空气进入时，油箱内形成负压，粗油粒子沿吸油管被吸入到文氏管内，在空气作用下，从油雾室出口形成油雾。油雾润滑管道中，油和压缩空气融合在一起，油和气在管道中的运行速度是相等的(图 3.2)。

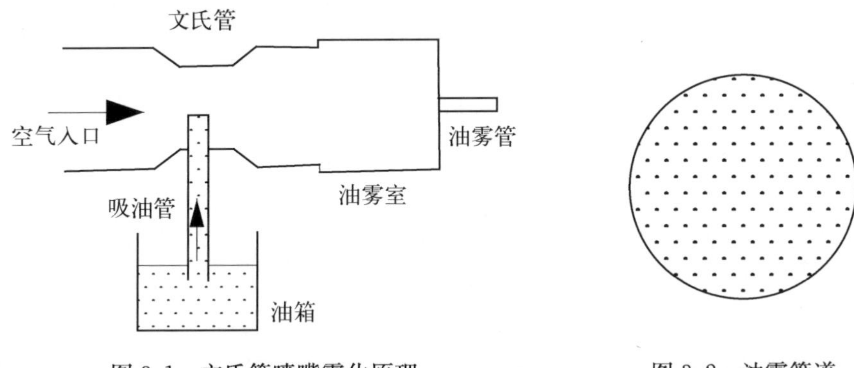

图 3.1　文氏管喷嘴雾化原理　　　　图 3.2　油雾管道

3.1.2　油雾润滑的优点

油雾润滑与其他润滑方式相比，具有许多独特的优点：

(1) 压缩空气比热小、流速高，很容易带走摩擦所产生的热量。

(2) 油雾能随压缩空气弥散到所有需要润滑的摩擦部位，可以获得良好而均匀的润滑效果。

(3) 大幅度地降低了润滑油的用量。

(4) 较油循环润滑系统结构简单、轻巧、占地面积小。

(5) 油雾具有一定的压力，可起到良好的密封作用，避免外界的杂质、水分等侵入摩擦副。

3.1.3　油雾润滑的缺点

由于油雾润滑在排出的压缩空气中含有少量的浮悬油粒，所以污染环境，对操作人员健康不利。

油雾润滑的缺陷，在一定程度上限制了它的使用范围，但它的独特优点，则是其他润滑方式所无法比拟的。

3.2 极压抗磨剂对 DOD－L－85734 航空油的油雾润滑试验研究

3.2.1 试验材料

试验用基础油是由深圳恒泽丰有限公司提供的由美国生产的 DOD－L－85734 型航空润滑油(简称 DOD)。添加剂是由中国科学院兰州物理化学研究所提供的硫化异丁烯(T321)、硫磷酸复酯胺盐(T307)、磷酸复酯铵盐(T391)和二烷基二硫代磷酸锌(ZDDP,T202)。将添加剂按质量分数[87-90] 2%分别加入到 DOD 基础油中,并搅拌均匀,得到 5 种待测油样(包括 DOD 基础油)。上、下试样均是长治钢铁有限公司生产的 12Cr2Ni4A 航空钢。上试样是 ϕ10 mm×4 mm 的小圆柱、下试样是 ϕ98 mm×4 mm 的圆盘(图 3.3)。上、下试样的表面热处理与直升机减速器啮合齿轮相同:渗碳深度为 0.8～1.0 mm、表面硬度不低于 60HRC。试验前、后,上、下试样在丙酮中清洗 6 min,再用烘干箱烘干。试验后,用日本生产的超景深三维显微镜观察上试样的磨痕形貌并测量上试样的磨痕宽度。

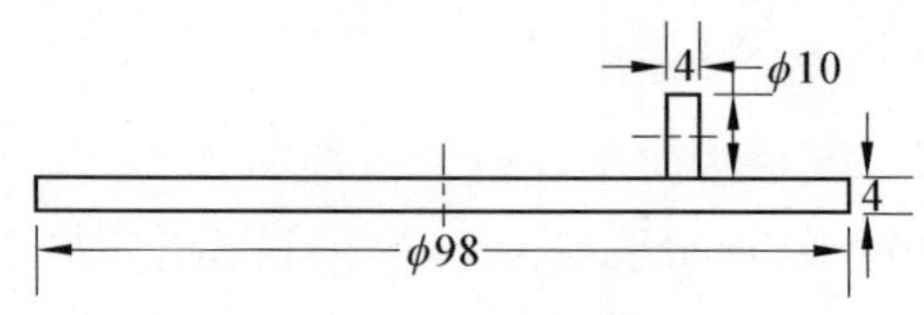

图 3.3 上、下试样接触方式

3.2.2 试验设备与试验方法

油雾润滑试验设备连接见图 3.4。用 UMT－Ⅱ试验机做销盘摩擦磨损试验,载荷是 100 N。上、下试样的接触方式为:上试样的圆柱面和下试样圆盘面的线接触(图 3.3)。试验中,上试样固定而下试样以 1 000 r/min 的速度旋转,摩擦中心距旋转中心 25 mm。油雾润滑装置所用的气压是 0.1 MPa。摩擦试验开始前,在上、下试样待摩擦区域涂一层 DOD 基础油,再用柔软的纸擦干。滑动摩擦过程中,如摩擦系数急剧升高,就在上、下试样接触区的入口中心处喷一次油雾,每次喷油雾

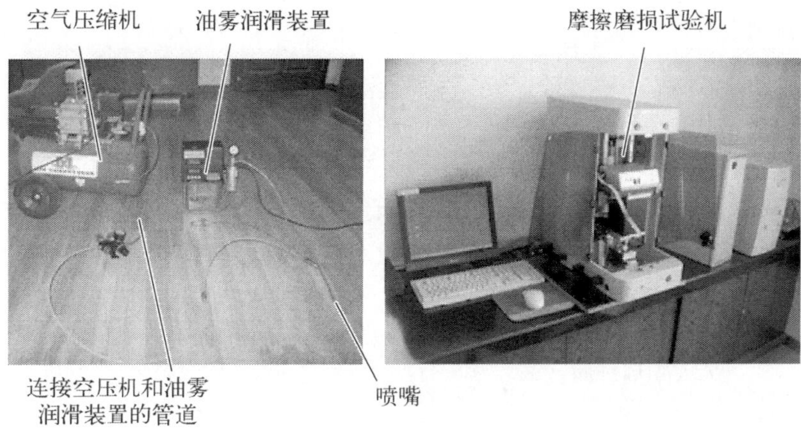

图 3.4　油雾润滑试验设备连接图

的时间持续 10 s、每次的喷油量是 0.01 ml。试验开始后，每隔 5 min 就用热电偶在上试样的摩擦区域最外侧中心处测温。每次摩擦试验的时间是 45 min。

3.2.3　结果与分析

1. 润滑性能

图 3.5 是 5 种喷雾工况的摩擦系数曲线图。图 3.5(a)～(d)分别对应4 种2%添加剂的油雾润滑；图 3.5(e)对应 DOD 基础油(不含添加剂)的油雾润滑。从图 3.5(a)～(e)曲线上看出：试验刚开始，由于无润滑油的润滑，摩擦系数急剧上升，在试验开始后的第 2 秒喷一次油雾后，由于摩擦表面润滑油的润滑，摩擦系数迅速下降。运转一段时间后，摩擦表面的润滑油被甩干，进而润滑薄膜被磨损破坏，导致上、下试样的基体材料发生了直接的接触磨损，故摩擦系数再次急剧升高，上升

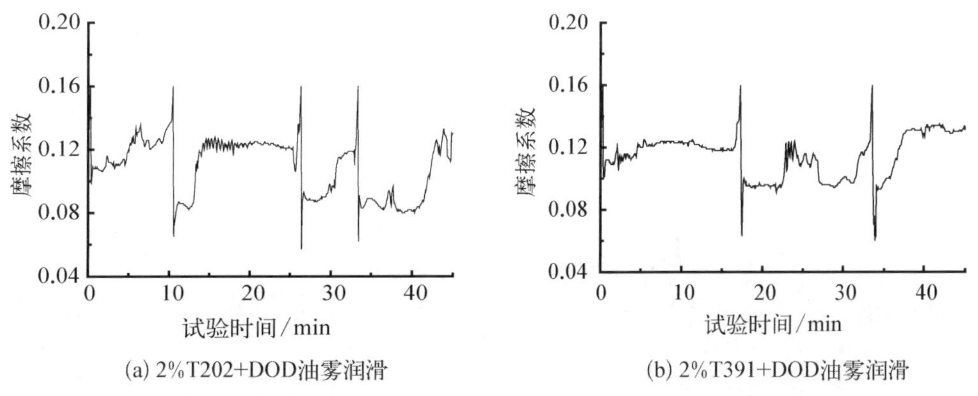

(a) 2%T202+DOD油雾润滑　　(b) 2%T391+DOD油雾润滑

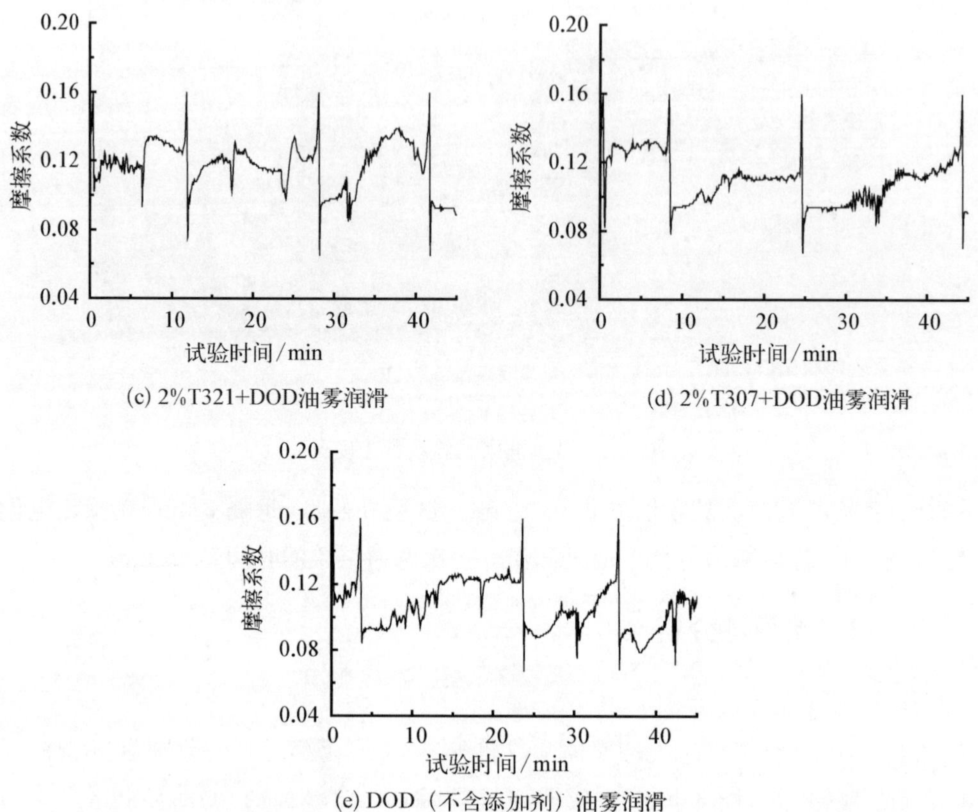

图 3.5　油雾润滑 45 min 的摩擦系数曲线图

达一定值(本试验摩擦系数达 0.16)时，再喷一次油雾，摩擦系数又迅速下降。如此反复进行，直到 45 min 试验结束(图中较长的竖直线是喷油雾引起的)。5 种润滑工况 45 min 的喷油雾情况见表3.1。2% T202＋DOD 、2% T321＋DOD、2% T307＋DOD 和 DOD 各喷油雾 4 次，消耗油量均为 0.04 ml，而 2% T391＋DOD 喷油雾仅 3 次、消耗油量仅0.03 ml。5 组油雾润滑试验中，2% T391＋DOD 的喷油雾次数最少且用油量最少，说明其抗磨性最好。

表 3.1　油雾润滑 45 min 的喷油雾次数和耗油量

润滑剂	2% T202＋DOD	2% T391＋DOD	2% T321＋DOD	2% T307＋DOD	DOD
润滑次数	4	3	4	4	4
总耗油量/ml	0.04	0.03	0.04	0.04	0.04

2. 磨损性能

5 种喷雾工况摩擦 45 min 的上试样磨痕宽度见表 3.2 和图 3.6。2% T321+DOD 和 2% T307+DOD 均比基础油 DOD 磨痕宽度大，2% T202+DOD 比基础油 DOD 磨痕宽度略小，而 2% T391+DOD 却比基础油 DOD 磨痕宽度小得多。2% T391+DOD 油雾润滑 45 min 的上试样磨痕宽度仅为 513 μm，折算为磨损体积是 0.006 4 mm^3。

干摩擦试验过程中，摩擦温度和摩擦系数迅速上升，由于剧烈摩擦，产生高温和黏附。干摩擦试验只进行了 40 s，摩擦系数就接近 0.30，上试样称重后折算处的磨损体积是 0.146 mm^3。

表 3.2　油雾润滑 45 min 的上试样磨痕宽度

润滑剂	2% T202+DOD	2% T391+DOD	2% T321+DOD	2% T307+DOD	DOD
磨痕宽度/μm	615	513	783	696	679

3. 表面质量

适当的表面腐蚀是添加剂具有极压抗磨性能的因素之一[91-94]。图 3.6 看出：2% T321+DOD 和 2% T202+DOD 均出现明显的化学腐蚀磨损而表面质量

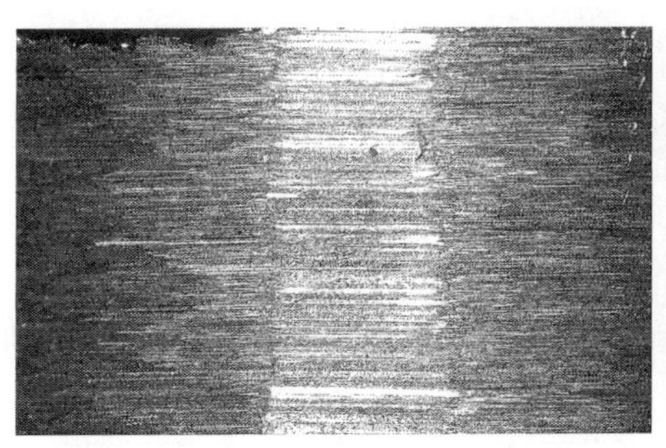

(a) 2%T391+DOD油雾润滑45 min

(b) 2%T202+DOD油雾润滑45 min

(c) DOD(不含添加剂)油雾润滑45 min

(d) 2%T307+DOD油雾润滑45 min

(e) 2%T321+DOD油雾润滑45 min

图 3.6 油雾润滑 45 min 的上试样磨痕形貌(×200)

不好，这是活性元素 S、P 与钢表面发生摩擦化学作用的结果。严重的腐蚀磨损是导致磨损量增大的因素之一。2% T307+DOD 和 2% T391+DOD 的表面质量好，是由于 T307 和 T391 中含有的氮元素能有效地抑制磷元素的过度腐蚀。

4. 摩擦温度

试验过程发现：摩擦试验的时间越长，摩擦区域的温升就越高。5 种喷雾工况的上试样摩擦区域温升均在 45 min 试验结束时最高。5 种喷雾工况的上试样摩擦区域试验前后的温升见表 3.3，DOD 基础油油雾润滑 45 min 的温升最高，为 36℃，而干摩擦仅 12 s 时的温升就超过了 40℃。

可见，油雾润滑能显著降低摩擦区域的温升。

表 3.3 上试样摩擦区域试验前后的温升

润滑剂	2% T202+DOD	2% T391+DOD	2% T321+DOD	2% T307+DOD	DOD
温升/℃	26	33	33	27	36

5. T391 抗磨机理

从 2% T391+DOD 油雾润滑 45 min 的上试样磨损表面能谱图看出，在上试样的磨损表面上，除了基体材料 12Cr2Ni4A 的各元素 Fe、Cr 和 Ni，还出现了 P 元素和 N 元素，这是 T391 在摩擦表面上释放的 P 元素和 N 元素。T391 因含润滑活性元素氮和磷而在金属表面发生化学吸附和摩擦化学反应，并生成由吸附膜和摩擦化学反应产物组成的含氮富磷的复合边界润滑膜。氮主要有两个方面的作用：

(1) 由于氮的电负性高、原子半径小，在摩擦过程中，当 T391 吸附于摩擦表面时，分子之间比较容易形成氢键而导致横向引力的增强和油膜强度的提高，这有利于抗磨性能的改善。

(2) 氮是一种较强的路易斯碱，能有效地抑制元素磷的过度腐蚀，因此磨损表面光滑平整，质量好。

通过 4 种极压抗磨添加剂对 DOD－L－85734 航空油的油雾润滑试验，得到如下结论：

(1) 含 2% T391 和 2% T202 的油雾润滑抗磨效果均比基础油 DOD 好；而含 2% T321 和 2% T307 的油雾润滑抗磨效果却均比基础油 DOD 差。

(2) 含 2% T391 的油雾润滑只喷油雾 3 次、用油量仅 0.03 ml，则其 45 min 的上试样磨损体积仅是 0.006 4 mm^3，而干摩擦仅 40 s 时的上试样磨损体积却达 0.146 mm^3。

(3) 5 种喷雾工况中，含 2% T391 的油雾润滑磨损表面质量最好。

(4) 油雾润滑能显著降低摩擦区域的温升：5 种油雾润滑 45 min 的上试样摩擦区域最高温升不超过 36℃，而干摩擦仅 12 s 时的温升就超过 40℃。

可见：含 2% T391 的油雾润滑，只需极微量润滑油就能使磨损量大为减少、温升低且表面质量好。

3.3　极压抗磨剂对 926 航空油的油雾润滑

926 合成航空润滑油是由中国生产的，是以酯类油为基础油，并加有抗腐、抗氧、抗磨、抗泡等添加剂组成的。926 合成航空润滑油具有良好的低温稳定性和高温抗氧化性，使用温度范围－40～200℃。926 合成航空润滑油可用于直升机发动机、主减速器及辅助动力装置的润滑。926 合成航空润滑油在米－17、米－171 及米－8直升机发动机上使用。本书对 4 种极压抗磨添加剂采用不同百分含量进行油雾润滑测试试验。

3.3.1　试验材料和方法

试验基础油是 926 合成航空润滑油。添加剂是中国科学院兰州物理化学研究所提供的 T321(硫化异丁烯)、T307(硫磷酸复酯胺盐)、T391(磷酸复酯铵盐)、T202(二烷基二硫代磷酸锌，ZDDP)。将 4 种添加剂分别按质量分数 4.5%和 2%

加入 926 合成航空润滑油中,并搅拌均匀,得到多种待测油样。上、下试样均是长治钢铁有限公司生产的 12Cr2Ni4A 航空钢。上试样是 ϕ10 mm×4 mm 的小圆柱,下试样是 ϕ98 mm×4 mm 的圆盘。上、下试样的表面处理与直升机减速器啮合齿轮技术要求相同:渗碳深度 0.8～1.0 mm、表面硬度不低于 60HRC。试验前后,试样在丙酮中清洗 5 min,再用热风吹干。油雾润滑装置采用南京贝奇尔公司生产的 VERSA Ⅲ 型电动润滑泵。气源是多种场合使用的小型空气压缩机,使润滑油雾化的气压是 0.1 MPa。

用 UMT-Ⅱ试验机做销盘试样的摩擦磨损试验,载荷是 100 N。上、下试样为线接触(图 3.3),其中上试样不动而下试样旋转。取下试样的转速为 1 250 r/min、摩擦中心距旋转中心 20 mm。试验模拟直升机减速器失油状况:在上、下试样待摩擦区域涂一层 926 航空润滑油,摩擦试验开始前,用柔软的纸擦干以便使试样尽快进入干摩擦状态。摩擦试验开始后,由于试样无润滑油的润滑,摩擦系数急剧上升,在试验开始后的第 2 秒喷一次油雾后,由于摩擦表面润滑油的润滑,摩擦系数迅速下降,运转一段时间后,摩擦表面的润滑油被甩干,进而润滑薄膜被磨损破坏,导致上、下试样基体材料发生直接的接触磨损,故摩擦系数再次急剧升高。再喷一次油雾后,摩擦系数又迅速下降。如此反复进行,直到 45 min 试验结束(图中较长的竖直线由喷油雾引起)。每次喷油雾的时间是 10 s、每次喷油量是 0.01 ml。试验结束后,用超景深三维显微镜 KEYENCE 观察上试样的磨痕形貌并测量上试样的磨痕宽度。

3.3.2 4.5%添加剂的油雾润滑

1. 润滑性能

图 3.7 是 5 种油雾润滑工况的摩擦系数曲线图。图 3.7(a)～(d)是 4 种4.5%添加剂油雾润滑 45 min,其中,(a)是 4.5% T307+926 油雾润滑 45 min;(b)是 4.5% T321+926 油雾润滑 45 min;(c)是 4.5% T202+926 油雾润滑 45 min;(d)是4.5% T391+926 油雾润滑 45 min;(e)是 926 基础油油雾润滑 45 min。5 种油雾润滑工况 45 min 的喷油雾情况见表 3.4。4.5% T307+926 和 4.5% T321+926 各喷油雾 4 次、消耗油量均为 0.04 ml;926 基础油喷油雾共 5 次、消耗油量 0.05 ml;4.5% T202+926 喷油雾 3 次、消耗油量 0.03 ml;而 4.5% T391+926 仅喷油雾 2 次、消耗油量仅 0.02 ml。

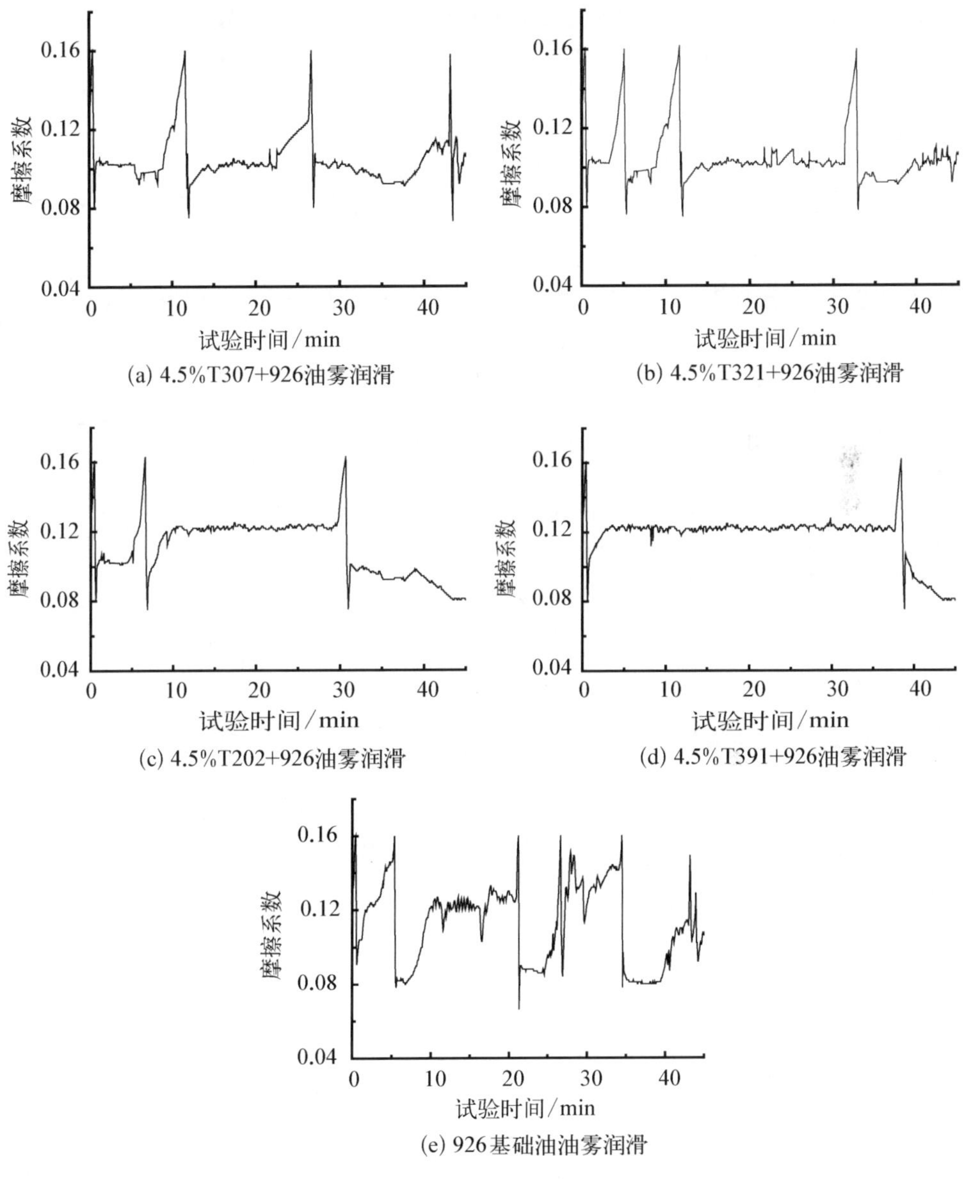

(a) 4.5%T307+926油雾润滑

(b) 4.5%T321+926油雾润滑

(c) 4.5%T202+926油雾润滑

(d) 4.5%T391+926油雾润滑

(e) 926基础油油雾润滑

图 3.7　摩擦系数曲线

5组油雾润滑试验中，4.5% T391+926的喷油次数最少且用油量最少，说明其抗磨性最好。

表3.4 油雾润滑45 min的喷油雾次数和总用油量

润滑剂	4.5% T307+926	4.5% T321+926	926	4.5% T202+926	4.5% T391+926
润滑次数	4	4	5	3	2
总耗油量/ml	0.04	0.04	0.05	0.03	0.02

2. 磨损性能

5种喷雾工况摩擦45 min的上试样磨痕宽度见表3.5和图3.8。4.5% T307+926和4.5% T321+926均比926基础油的磨痕宽度大，而4.5% T202+926和4.5% T391+926却均比926基础油的磨痕宽度小，4.5% T202+926和4.5% T391+926的磨痕宽度接近，均为560 μm。

表3.5 油雾润滑45 min的上试样磨痕宽度

润滑剂	4.5% T307+926	4.5% T321+926	926	4.5% T202+926	4.5% T391+926
磨痕宽度/μm	730	900	700	560	560

3. 表面质量

5种喷雾工况油雾润滑45 min的磨痕形貌见图3.8。表面质量最差的是4.5% T202+926，其表面出现明显的化学腐蚀磨损而质量不好。4.5% T391+926的表面则光滑平整，这是由于T391中的氮元素抑制了磷元素的过度腐蚀。

通过对4.5%几种极压抗磨添加剂的润滑性能、磨损性能和表面质量的分析，得到如下结果：

(1) 4.5% T391+926和4.5% T202+926的抗磨效果均比基础油926好，而4.5% T321+926和4.5% T307+926的抗磨效果却均比基础油926差。

(2) 5种4.5%的极压抗磨添加剂的油雾润滑工况中，4.5% T391+926的用油量最少、磨损量最少且表面质量好。

(3) 5种4.5%的极压抗磨添加剂的油雾润滑工况中，4.5% T202+926的表面由于腐蚀磨损严重而质量不好。

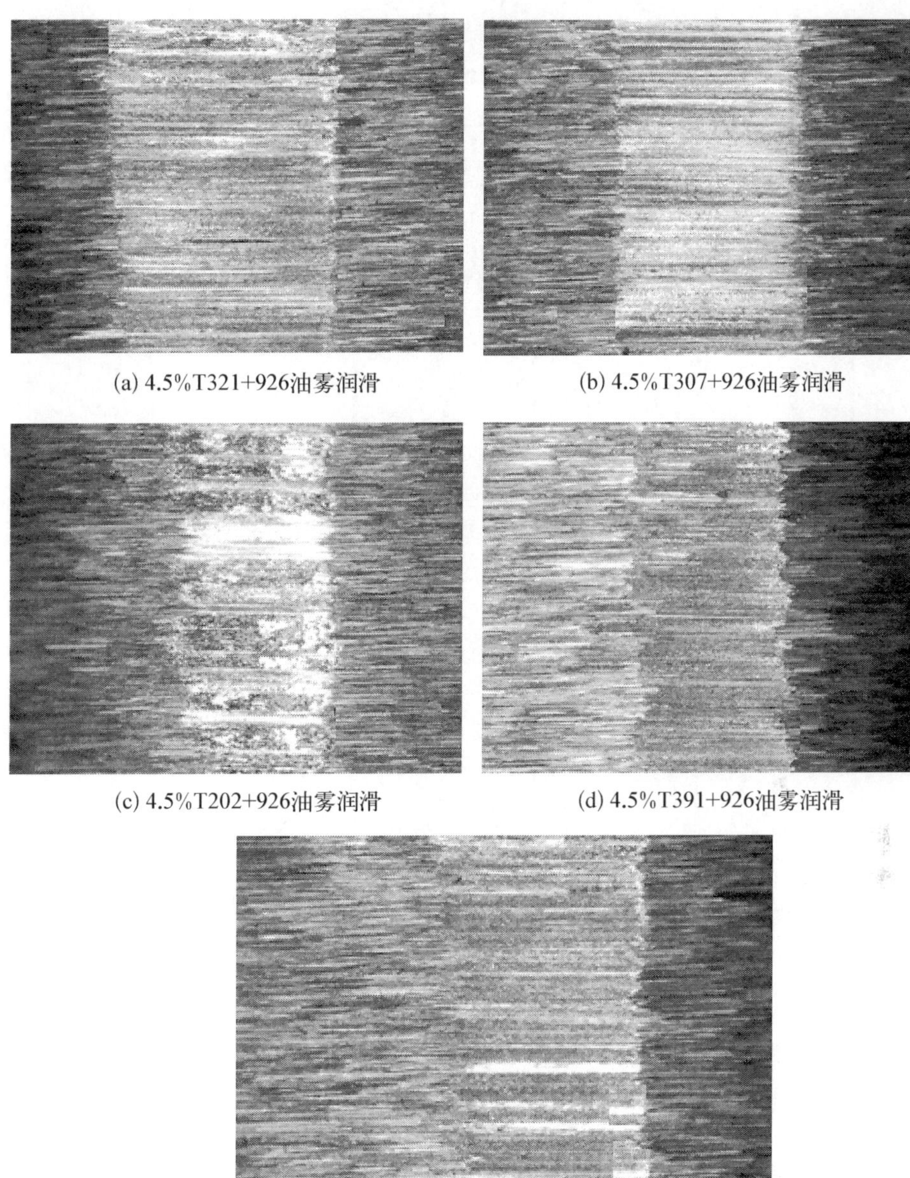

(a) 4.5%T321+926油雾润滑　(b) 4.5%T307+926油雾润滑

(c) 4.5%T202+926油雾润滑　(d) 4.5%T391+926油雾润滑

(e) 926基础油油雾润滑

图 3.8　4.5%添加剂油雾润滑 45 min 的上试样磨痕形貌(×200)

3.3.3 2%添加剂的油雾润滑

1. 润滑性能

图3.9是4种2%添加剂油雾润滑45 min的摩擦系数曲线图。5种油雾润滑45 min的喷油雾情况见表3.6。2% T307+926和2% T321+926各喷油雾4次、消耗油量均为0.04 ml;926基础油喷油雾5次、消耗油量0.05 ml;2% T202+926喷油雾2次、消耗油量0.02 ml;而2% T391+926喷油雾3次、消耗油量0.03 ml。5组油雾润滑试验中,2% T202+926的喷油次数最少且用油量最少,说明其抗磨性最好。

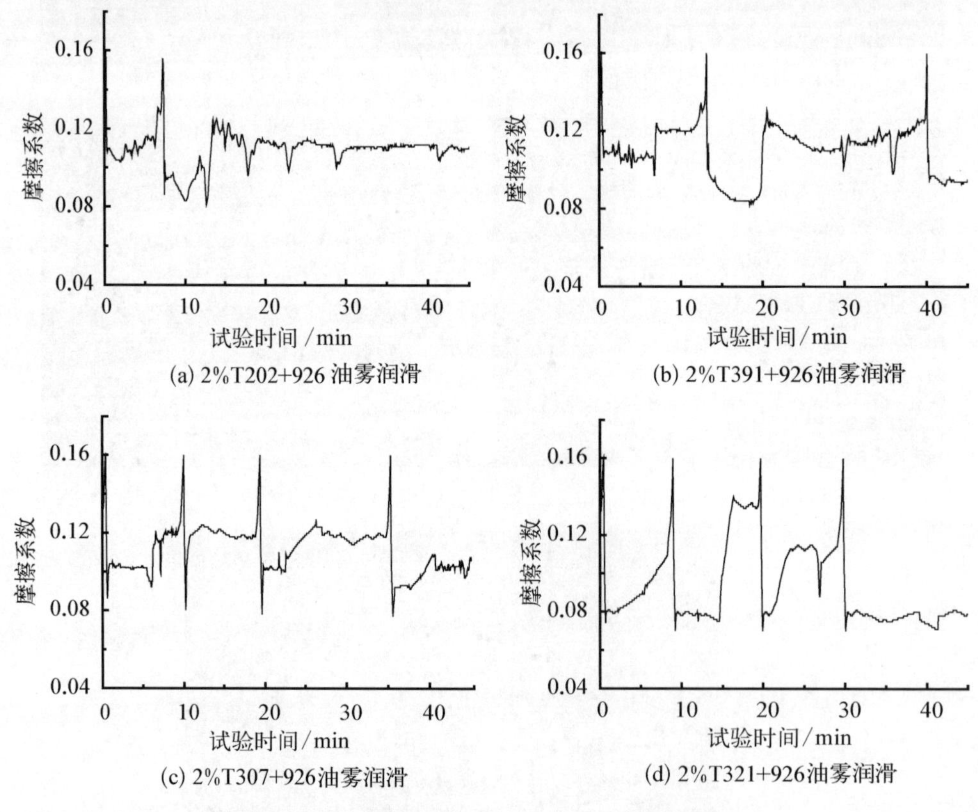

(a) 2%T202+926油雾润滑
(b) 2%T391+926油雾润滑
(c) 2%T307+926油雾润滑
(d) 2%T321+926油雾润滑

图3.9 2%添加剂油雾润滑45 min的摩擦系数

表3.6 油雾润滑45 min的喷油雾次数和总用油量

润滑剂	2% T307+926	2% T321+926	926	2% T202+926	2% T391+926
润滑次数	4	4	5	2	3
总耗油量/ml	0.04	0.04	0.05	0.02	0.03

2. 磨损性能

2%添加剂油雾润滑 45 min 的上试样磨痕宽度见表 3.7 和图 3.10。2% T307+

表 3.7　油雾润滑 45 min 的上试样磨痕宽度

润滑剂	2% T202+926	2% T391+926	926	2% T321+926	2% T307+926
磨痕宽度/μm	530	665	705.31	722.56	712.98

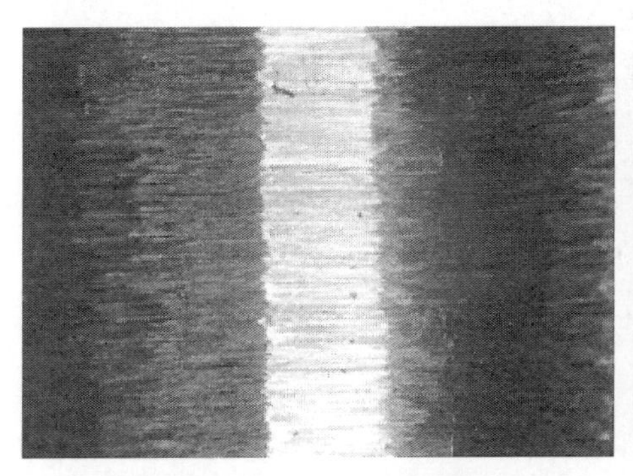

(a) 2%T391+926油雾润滑

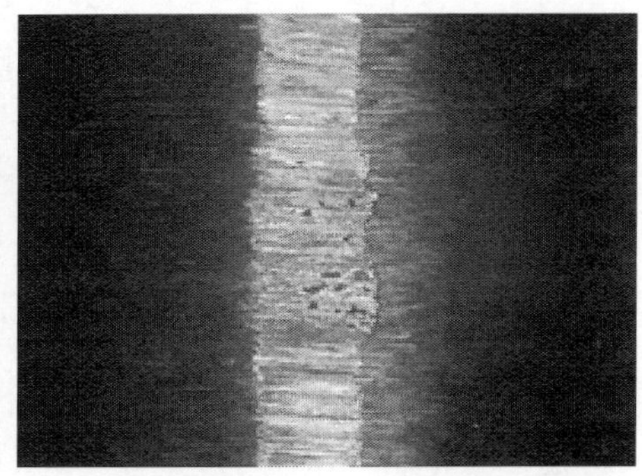

(b) 2%T202+926油雾润滑

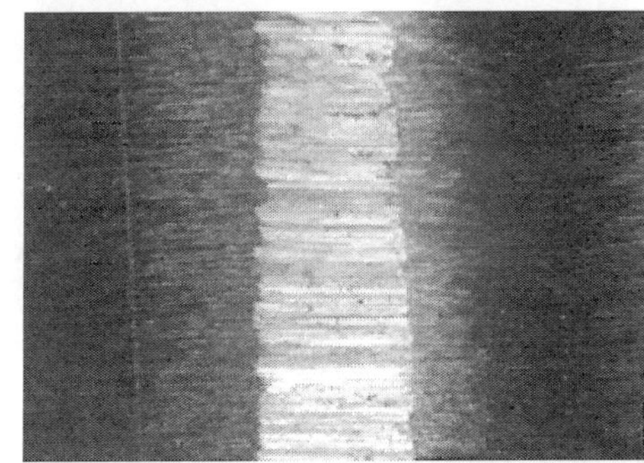

(c) 2%T321+926油雾润滑

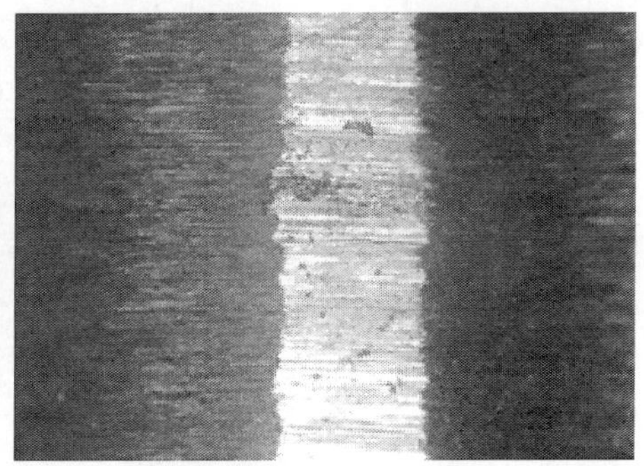

(d) 2%T307+926油雾润滑

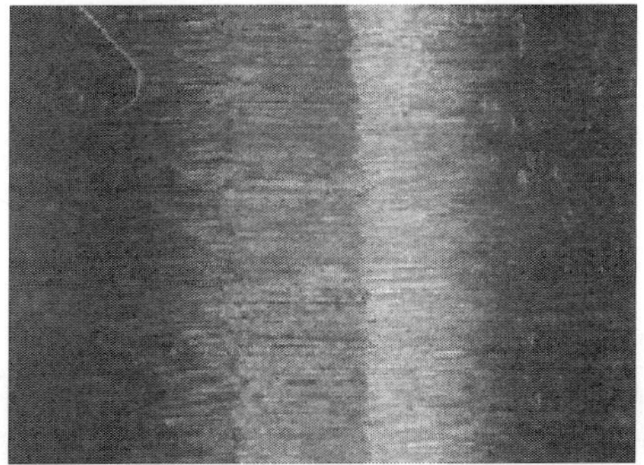

(e) 926油雾润滑

图 3.10　2%添加剂油雾润滑 45 min 的上试样磨痕宽度和磨损形貌(×100)

926 和 2% T321+926 均比 926 基础油的磨痕宽度大，而 2% T202+926 和 2% T391+926 却均比 926 基础油的磨痕宽度小。磨痕宽度最小的是 2% T202+926，仅为 530 μm。

3. 表面质量

5 种 2%添加剂油雾润滑 45 min 的磨痕形貌见图 3.10。2% T202+926 的表面由于出现了明显的化学腐蚀磨损而质量不好。

通过对 2%极压抗磨添加剂的润滑性能、磨损性能和表面质量的分析，得到如下结论：

(1) 2% T391+926 和 2% T202+926 油雾润滑的抗磨效果均比基础油 926 好，而 2% T321+926 和 2% T307+926 油雾润滑的抗磨效果却均比基础油 926 差。

(2) 5 种 2%添加剂油雾润滑工况中，2% T202+926 的用油量最少、磨损量最少。

(3) 5 种 2%添加剂油雾润滑工况中，2% T202+926 的磨损表面由于腐蚀磨损严重而质量不好。

3.3.4 不同含量极压抗磨添加剂的油雾润滑抗磨效果对比

对 926 航空油来说，添加 2%和 4.5%的 T321 和 T307 油雾润滑 45 min 的磨损量均比 926 基础油油雾润滑 45 min 的磨损量大，而添加 2%和 4.5%的 T391 和 T202 的油雾润滑 45 min 的磨损量均比 926 基础油油雾润滑 45 min 的磨损量小。油雾润滑 45 min 的喷油次数和用油量见表 3.8，油雾润滑 45 min 的磨痕宽度见表 3.9。

表 3.8 油雾润滑 45 min 的喷油雾次数和总用油量

润滑剂	T307+926	T321+926	926	T202+926	T391+926
2%喷油次数/ml	4	4	5	2	3
4.5%喷油次数/ml	4	4		3	2
2%用油量/ml	0.04	0.04	0.05	0.02	0.03
4.5%用油量/ml	0.04	0.04		0.03	0.02

表 3.9 油雾润滑 45 min 的上试样磨痕宽度

润滑剂		T202+926	T391+926	926	T321+926	T307+926
磨痕宽度/μm	2%	530	665	700	722.56	712.98
	4.5%	560	560		900	730

可见，对 926 航空油来说，添加剂 T321 和 T307 的抗磨效果差，而 T391 和 T202 的抗磨效果好。故本节讨论 T391 和 T202 的不同百分含量的抗磨效果，并进行对比。

1. T202 不同含量油雾润滑抗磨效果对比

由表 3.8、表 3.9 和图 3.11 知：4.5% T202 喷油雾 3 次、耗油量 0.03 ml，其 45 min的磨痕宽度为 560 μm，而 2% T202 喷油雾仅 2 次、耗油量仅 0.02 ml，其 45 min的磨痕宽度仅为 530 μm。由此看出：尽管含 2% T202 比含 4.5% T202 的喷油用量少，但其磨损量反而小（表 3.9），说明添加剂的含量高，抗磨效果不一定好。由图 3.12 看出：T202 的添加量高，则腐蚀磨损也大，导致磨痕宽度增大。这是由于严重的腐蚀磨损破坏了表面膜的稳定性，使表面膜的抗磨性下降。故 2% T202 的抗磨效果好于 4.5% T202 的抗磨效果。

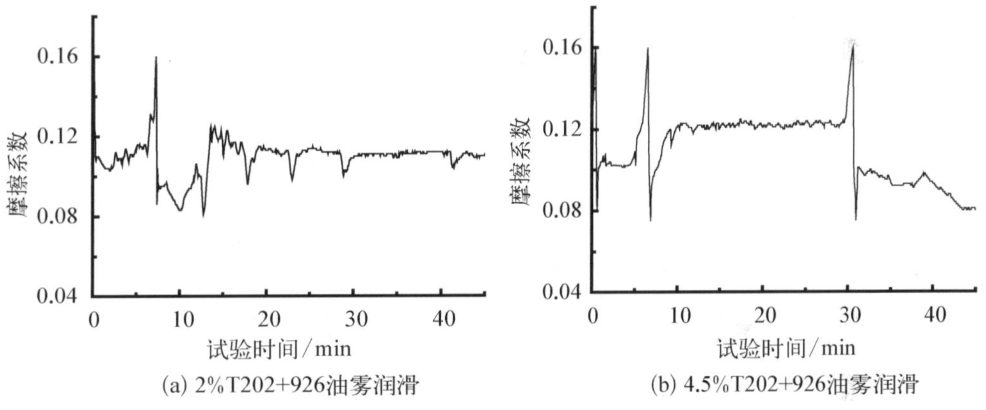

图 3.11　T202 不同百分含量油雾润滑 45 min 的摩擦系数

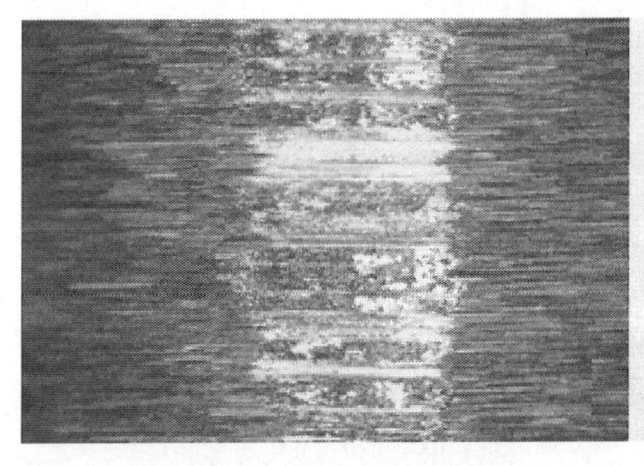

(a) 4.5%T202+926油雾润滑

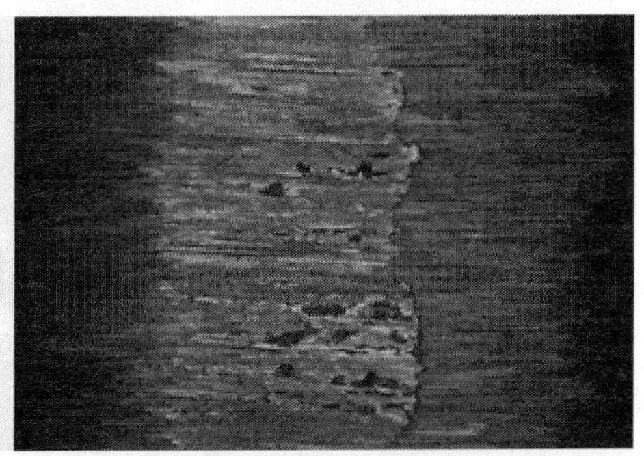

(b) 2%T202+926油雾润滑

图 3.12　T202 不同含量油雾润滑 45 min 的磨痕形貌（×200）

2. T391 不同含量油雾润滑抗磨效果对比

由表 3.8、表 3.9 和图 3.13 知：2% T391+926 喷油雾 3 次、消耗油量0.03 ml,其 45 min 的磨痕宽度为 665 μm,而 4.5% T391+926 喷油雾仅 2 次、消耗油量仅 0.02 ml,则 45 min 的磨损量仅为 560 μm。可见,对 926 航空油来说,添加 4.5% T391 比添加 2% T391 的抗磨效果好。

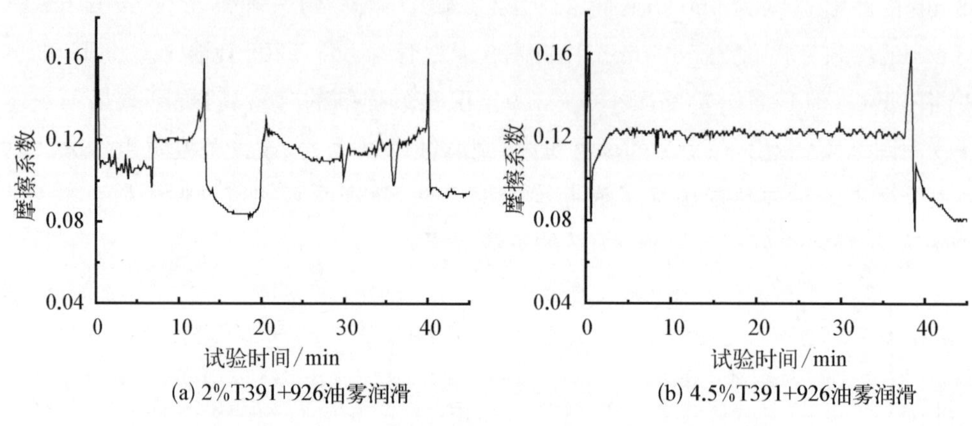

图 3.13　T391 不同含量油雾润滑 45 min 的摩擦系数

2% T391 由于添加的量少,导致摩擦副的基体材料发生了直接的接触磨损。含抗磨剂的润滑磨损量由两部分组成：① 基体材料的直接接触磨损；② 表面的化学腐蚀磨损。由图 3.14 的磨痕形貌看出：2% T391 和 4.5% T391 的磨损表面均光滑平整,说明 T391 的腐蚀磨损不严重,而含 2% T391 的磨损量大的主要是基体材料发生的直接接触磨损引起的,即 2% T391 添加量不足而润滑效果差,引起了

(a) 2%T391+926油雾润滑　　(b) 4.5%T391+926油雾润滑

图 3.14　T391 不同含量油雾润滑 45 min 的磨痕形貌(×200)

基体材料的接触磨损。

通过对 T202 和 T391 两种极压抗磨添加剂的不同含量的抗磨效果对比，得到如下结论：

(1) 对 926 航空油来说，含 2% T202 的抗磨效果好于含 4.5% T202 的抗磨效果。T202 的添加量大，则化学腐蚀磨损也大。

(2) 对 926 航空油来说，含 4.5% T391 的抗磨效果比含 2% T391 的抗磨效果好。T391 的添加量小，则润滑效果不足，易引起基体材料接触磨损。

通过对 926 航空油 4 种极压抗磨添加剂的 4.5%和 2%的两种添加量抗磨效果对比，得出如下结论：

(1) 加入 4.5%和 2%的 T391 和 T202 的抗磨效果均比基础油 926 的抗磨效果好，而加入 4.5%和 2%的 T321 和 T307 的抗磨效果却均比基础油 926 的抗磨效果差。

(2) 对 926 基础油来说，2% T202+926 的抗磨效果优于 4.5% T202+926 的抗磨效果，而 4.5% T391+926 的抗磨效果优于 2% T391+926 的抗磨效果。

(3) 对 926 基础油来说，T202 的添加量大，则引起的化学腐蚀磨损也大，导致磨损表面质量不好。

3.4　极压抗磨剂对不同航空油的适应性

为了测定极压抗磨剂对不同航空油的适应性，本节采用油雾润滑方式，对 926 和 DOD-L-85734 两种航空油进行几种极压抗磨添加剂的摩擦学性能测试试验，以寻找对不同航空油的抗磨性能最好的极压抗磨添加剂。为降低试验成本，本书仍以销盘摩擦磨损试验代替齿轮传动。

3.4.1　试验材料和试验方法

试验用基础油是美国生产的 DOD-L-85734 航空润滑油(以下简称 DOD)和中国生产的 926 航空润滑油。添加剂是由中国科学院兰州物理化学研究所提供的 T321、T307、T391 和 T202。将几种添加剂按质量分数 2%分别加入到 DOD 航空油和 926 航空油中，搅拌均匀，得到待测油样。上、下试样均是长治钢铁有限公司生产的 12Cr2Ni4A 航空钢。上试样是 ϕ4 mm×10 mm 的小圆柱，下试样是 ϕ98 mm×4 mm 的圆盘。上、下试样的表面处理与直升机减速器的啮合齿轮的技术要求相同：渗碳深度 0.8～1.0 mm、表面硬度不低于 60HRC。试验前后，试样在丙酮中清洗 5 min 再用热风吹干。试验后，用日本生产的超景深三维显微镜 KEYENCE 观察上试样的磨痕形貌并测量上试样的磨痕宽度。

用 UMT－Ⅱ试验机做销盘摩擦磨损试验，载荷是 100 N。接触方式为线接触，其中上试样不动而下试样旋转。为了充分利用试验材料，取摩擦中心距旋转中心为 30 mm。为使上、下试样的相对滑动速度仍为 2.62 m/s，则取下试样的转速为 833.3 r/min。试验模拟直升机减速器失油状况：在上、下试样待摩擦区域涂一层基础油，再用柔软的纸擦干。滑动摩擦过程中，摩擦系数急剧升高到某一值（如 0.16），就在试样接触区的入口中心处喷一次油雾。试验开始后，每隔 5 min 就用热电偶在上试样摩擦区域的外侧中心处测温。每次试验的时间是 45 min。油雾润滑装置采用 VERSA Ⅲ 型电动润滑泵，使润滑油雾化的气压是 0.1 MPa。使用的气源仍是常用的小型空气压缩机。试验时，手持喷嘴在摩擦区域的入口中心处喷油雾，喷嘴与水平面成 30°、喷嘴距离摩擦界面 6 mm。每次喷油雾的时间是 10 s、每次的喷油量是 0.01 ml。

3.4.2 结果与分析

图 3.15 是 5 种工况的摩擦系数曲线图，图 3.15(a)～(c)是基础油 926 油雾润滑 45 min((a) 添加 2% T202，(b) 添加 2% T391，(c) 不含添加剂)；(d)～(e)是基础油 DOD 油雾润滑 45 min((d) 添加 2% T202，(e) 添加 2% T391)。

1. 润滑性能

从图 3.15(a)～(e)曲线上看出：摩擦试验开始后，由于无润滑油的润滑，摩擦系数急剧上升，在试验开始后的第 2 秒喷一次油雾后，由于摩擦表面润滑油的润滑，摩擦系数迅速下降，运转一段时间后，摩擦表面的润滑油被甩干，进而润滑薄膜被磨损破坏，导致上、下试样的基体材料发生了直接的接触磨损，故摩擦系数再次急剧升高。再喷一次油雾后，摩擦系数又迅速下降。如此反复进行，直到 45 min 试验结束(图中较长的竖直线是喷油雾引起的)。基础油 926 油雾润滑 45 min 的喷油雾情况见表3.10，基础油 DOD 油雾润滑 45 min 的喷油雾情况见表 3.11。基础油 926 喷油次数最少的是 2% T202＋926，基础油 DOD 喷油次数最少的却是 2% T391＋DOD。10 种油雾润滑工况喷油用量最少的是 2% T202＋926：仅喷油雾 2 次、用油量仅 0.02 ml。

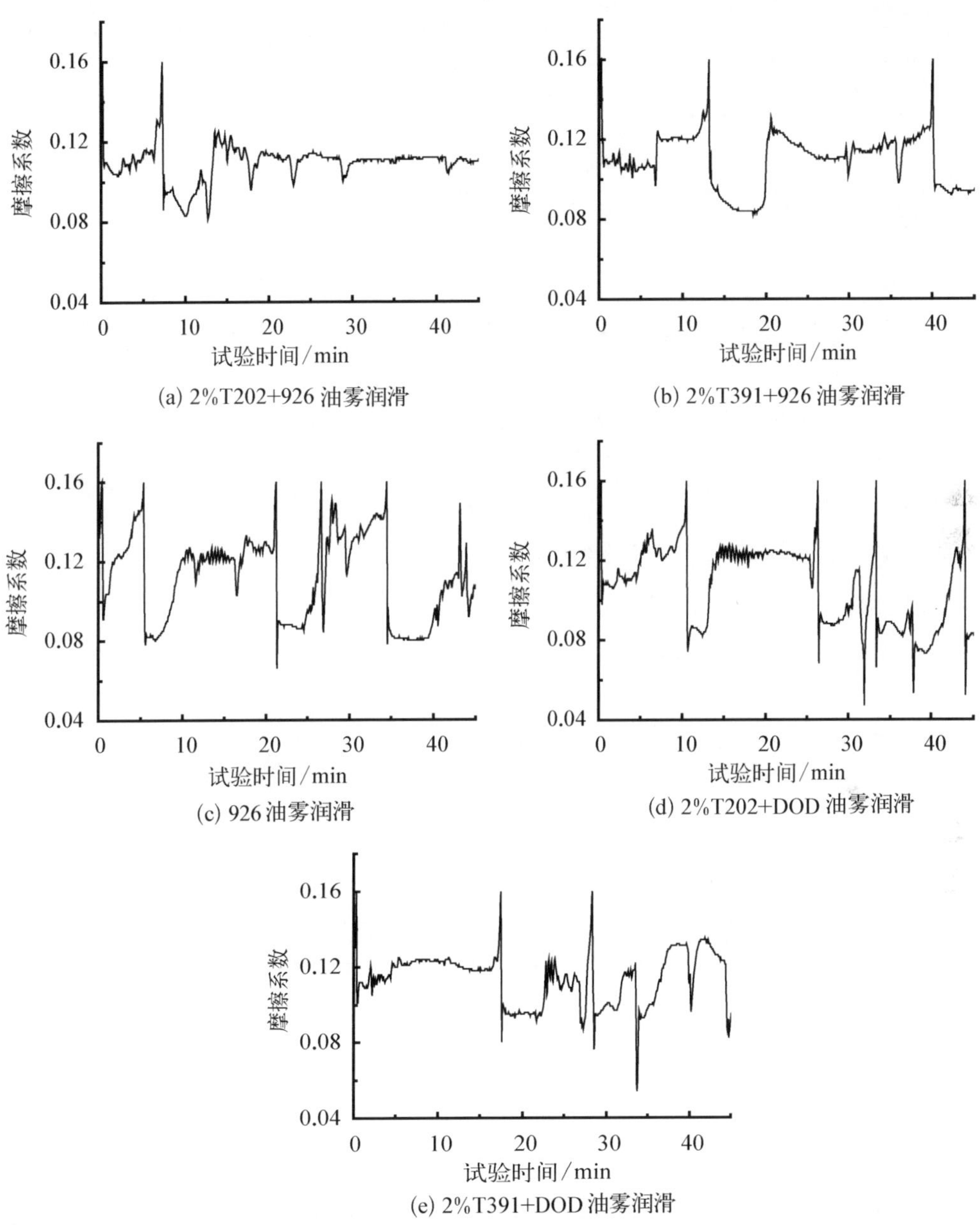

(a) 2%T202+926 油雾润滑

(b) 2%T391+926 油雾润滑

(c) 926 油雾润滑

(d) 2%T202+DOD 油雾润滑

(e) 2%T391+DOD 油雾润滑

图 3.15　油雾润滑 45 min 的摩擦系数

表 3.10　基础油 926 油雾润滑 45 min 的喷油雾次数和总用油量

润滑剂	2% T202+926	2% T391+926	926	2% T321+926	2% T307+926
润滑次数	2	3	5	4	4
总耗油量/ml	0.02	0.03	0.05	0.04	0.04

表 3.11　基础油 DOD 油雾润滑 45 min 的喷油雾次数和总用油量

润滑剂	2% T202+DOD	2% T391+DOD	DOD	2% T321+DOD	2% T307+DOD
润滑次数	5	3	4	4	4
总耗油量/ml	0.05	0.03	0.04	0.04	0.04

2. 磨损性能

基础油 926 油雾润滑 45 min 的上试样磨痕宽度见表 3.12，基础油 DOD 油雾润滑 45 min 的上试样磨痕宽度见表 3.13。由表 3.12 和表 3.13 看出：含 2% T321 和 2% T307 的磨痕宽度均比基础油磨痕宽度大，而含 2% T202 和 2% T391 的磨痕宽度却均比基础油磨痕宽度小，基础油 926 磨痕宽度最小的是 2% T202+926，基础油 DOD 磨痕宽度最小的是 2% T391+DOD，其比 2% T202+926 的磨痕宽度略小。对比图 3.15(a)和(e)发现：2% T202+926 的摩擦系数比 2% T391+DOD 的摩擦系数平稳，尤其在 15～45 min 的时间段，但 2% T202+926 的磨损量反而比 2% T391+DOD 大，原因是 2% T202+926 的腐蚀磨损大。

表 3.12　基础油 926 油雾润滑 45 min 的上试样磨痕宽度

润滑剂	2% T202+926	2% T391+926	926	2% T321+926	2% T307+926
磨痕宽度/μm	530	665	680	800	750

表 3.13　基础油 DOD 油雾润滑 45 min 的上试样磨痕宽度

润滑剂	2% T202+DOD	2% T391+DOD	DOD	2% T321+DOD	2% T307+DOD
磨痕宽度/μm	610	512	678	781	700

3. 温度表现

试验过程发现：摩擦试验的时间越长，上试样摩擦区域的温度就越高。10 种喷雾工况的摩擦温度均在 45 min 试验结束时最高。926 的 5 种喷雾工况试验前后的温升均小于 47℃，而 DOD 的 5 种喷雾工况试验前后的温升均比 926 的 5 种喷雾工况试验前后的温升小 10℃以上，如 2% T202+926 试验前后的温升为 47℃，而 2% T391+DOD 试验前后的温升仅为 34℃。可见，基础油 DOD 比 926 的油雾润滑的降温效果更为明显。

4. 表面质量

由图 3.16 看出：2% T202＋926 的表面由于腐蚀磨损严重而质量不好，而 2% T391＋DOD 的表面则光滑平整，这是由于 T391 中的氮元素有效地抑制了磷元素的过度腐蚀，因而表面质量好。

(a) 2%T202+926油雾润滑

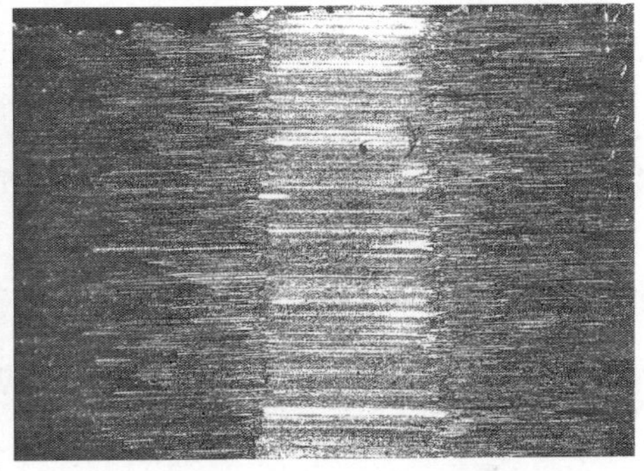

(b) 2%T391+DOD油雾润滑

图 3.16　油雾润滑 45 min 的上试样磨痕形貌（×200）

5. T391 和 T202 的抗磨机理

1）T202 的抗磨机理

T202 分子式见图 3.17。从 2% T202＋926 油雾润滑 45 min 的上试样磨损表面能谱图看出：在上试样的磨损表面上，除了基体材料 12Cr2Ni4A 的各元素 Fe、Cr、Ni 外，还出现了 S 和 P 元素，这是 T202 在摩擦表面上释放的 S 和 P 元素。T202 在较高的载荷下完全分解形成无机 FeS 和 $FePO_4$ 保护膜，其中 FeS 是由分解产生的烷基多硫化物与 Fe_2O_3 反应产生的。由于摩擦表面存在较软的有机（或无机）磷酸铁和较软的纳米氧化锌（ZnO），同时疏松结构的高价氧化铁可以储存部分润滑油，故摩擦表面具有复合的保护膜，因而具有优良的抗磨性能。但其磨损表面存在明显的腐蚀磨损，这是活性元素 S、P 与钢表面发生摩擦化学作用的结果。适当的表面腐蚀是添加剂具有极压抗磨性能的因素之一。

```
RO                          OR
  \                        /
   P — S — Zn — S — P
  / ||                ||  \
RO  S                 S    OR
```

图 3.17　T202 分子式

2）T391 的抗磨机理

T391 的抗磨机理见前述。

通过对两种基础油 DOD－L－85734 和 926 进行 2％极压抗磨添加剂的润滑性能、磨损性能、摩擦温度和表面质量的对比分析知：

(1) 含 2％ T321 和 2％ T307 的油雾润滑抗磨效果均比基础油 DOD－L－85734 或 926 差，而含 2％ T391 和 2％ T202 的油雾润滑抗磨效果却均比基础油 DOD－L－85734 或 926 好。

(2) 对 926 航空油，抗磨效果最好的是 2％ T202＋926；对 DOD－L－85734 航空油，抗磨效果最好的是 2％ T391＋DOD。二者各有优缺点：2％ T202＋926 用油量少，但腐蚀磨损大、温升高、表面质量不好；而 2％ T391＋DOD 用油量稍多，但磨损量小、温升低、表面质量好。

(3) 油雾润滑大大降低了摩擦区域的温升，基础油 DOD－L－85734 比 926 的降温效果更为明显。

可见：极压抗磨剂对不同航空润滑油有不同适应性，这对航空齿轮油的性能优劣具有决定性的影响。

3.5 结　　论

本章对 926 航空油进行了 2％和 4.5％两种不同含量的极压抗磨添加剂的抗磨损效果对比试验，结果发现：极压抗磨添加剂的含量不同，则抗磨损效果也有所不同。含量过低，则抗磨性不足，引起基体材料的接触磨损增大导致磨损量增大；含量过高，则腐蚀磨损大，导致磨损量也增大。可以推断：抗磨添加剂有最佳的抗磨百分含量。

通过对 926 和 DOD－L－85734 两种航空油进行 2％极压抗磨添加剂的油雾润滑试验知：对 926 航空油，抗磨效果最好的是 2％ T202＋926；对 DOD 航空油，抗磨效果最好的是 2％ T391＋DOD。二者各有优缺点：2％ T202＋926 用油量少，但腐蚀磨损大、温升高、表面质量不好；而 2％ T391＋DOD 用油量稍多，但磨损量小、温升低、表面质量好。可见：相同的极压抗磨添加剂对不同的航空油具有不同的适应性。

通过对 926 和 DOD－L－85734 两种航空油分别进行极压抗磨添加剂 T321、

T307、T202 和 T391 的油雾润滑试验，得到如下结论：

(1) 含 2% T321 和 2% T307 的油雾润滑抗磨效果均比基础油 DOD - L - 85734 或 926 差，而含 2% T391 和 2% T202 的油雾润滑抗磨效果却均比基础油 DOD - L - 85734 或 926 好。

(2) 对 926 航空油，抗磨效果最好的是 2% T202＋926；对 DOD 航空油，抗磨效果最好的是 2% T391＋DOD。

(3) 油雾润滑大大降低了摩擦区域的温升，航空润滑油 DOD 比 926 的降温效果更为明显。

(4) 加入 4.5%的 T391 和 T202 的抗磨效果均比基础油 926 的抗磨效果好，而加入 4.5%的 T321 和 T307 的抗磨效果却均比基础油 926 的抗磨效果差；2% T202＋926 的抗磨效果好于 4.5% T202＋926 的抗磨效果，而 4.5% T391＋926 的抗磨效果好于 2% T391＋926 的抗磨效果；对 926 基础油来说，T202 的添加量大，引起的化学腐蚀磨损也大，导致磨损表面质量不好。

第 4 章

极压抗磨剂对航空油的油气润滑

4.1 引　　言

油气润滑是气液两相流体冷却润滑技术，是一种新型润滑技术。它与传统的单相流体润滑技术相比，具有无可比拟的优越性：油气润滑成功地解决了干油润滑和油雾润滑所无法克服的难题，它适应机械工业设备的最新发展要求，特别适用于高温、重载、高速、极低速，以及有冷却水和脏物侵入润滑点的恶劣工况。油气润滑能解决传统单相流体润滑技术无法解决的难题，并有非常显著的使用效果，大大延长了摩擦副的使用寿命，并改善了现场环境，因此应用前景广阔。

油气润滑是通过空气压缩机产生一定压力的空气，通过橡胶软管连接到空气过滤器以排干空气中的水分，再经过减压阀以降低空气压力，后通过油气发生器产生油气。当油气混合物进入油气管道时，由于压缩空气的作用，润滑油起初是以较大颗粒黏附在管道内壁的四周，压缩空气迅速向前运动，则油滴也向前运动，油滴逐渐被吹散、变得扁平，到达管道末端时，起初是间断黏附在管壁上的油滴，已形成连续油膜，且油膜越来越薄，最后喷射到润滑点(图 4.1)。油气润滑的油和气不是融合在一起的，润滑油在管壁上的移动速度非常缓慢，而气体的流动速度非常快。由于油气管道里的油和气是分离的，所以油气润滑不会污染环境，这是油气润滑非常突出的优势。

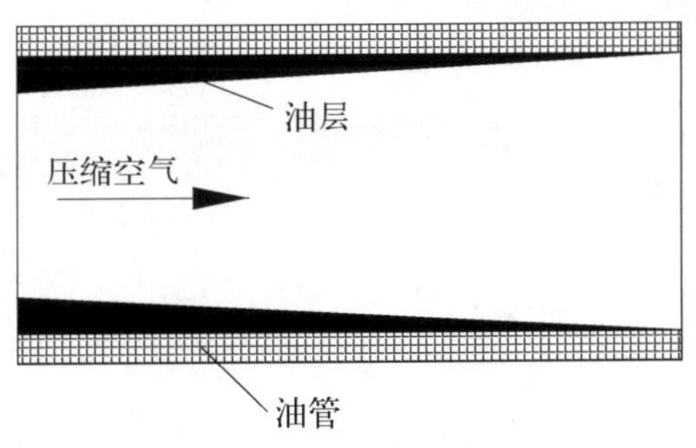

图 4.1　油气润滑原理

4.2　极压抗磨剂对 DOD－L－85734 航空油的油气润滑

4.2.1　试验材料和试验方法

试验用基础油是 DOD－L－85734 航空润滑油(本章简称 DOD)。添加剂是由中国科学院兰州物理化学研究所提供的 T321、T307、T391 和 T202。将添加剂按质量分数 2%分别加入到 DOD 基础油中并搅拌均匀,得到 5 种试验油样(包括 DOD 基础油试样)。上、下试样均是 12Cr2Ni4A 航空钢。上试样是 ϕ10 mm×4 mm 的小圆柱,下试样是 ϕ98 mm×4 mm 的圆盘。上、下试样的表面热处理与直升机减速器啮合齿轮相同:渗碳深度为 0.8～1.0 mm、表面硬度不低于 60HRC。试验前、后,上、下试样在丙酮中清洗 6 min,再用烘干箱烘干。试验后,用显微镜观察上试样的磨痕形貌并测量上试样的磨痕宽度。

用 UMT－Ⅱ试验机做销盘摩擦磨损试验,载荷是 100 N。上、下试样为线接触,其中,上试样固定而下试样以 1 000 r/min 的速度旋转,摩擦中心距旋转中心 25 mm。油气润滑装置所需气压是 0.4 MPa。摩擦试验开始前,在上、下试样待摩擦区域涂一层 DOD 基础油,再用柔软的纸擦干。滑动摩擦过程中,摩擦系数急剧升高,就在试样接触区的入口中心处喷一次油气,每次喷油气时间是 5 s、每次喷油量是 0.005 ml。试验开始后,每隔 7 min 就在上试样最靠近摩擦区域的内侧中心处测温。每次试验的时间是 45 min。

油气润滑的试验装置的连接图见图 4.2。

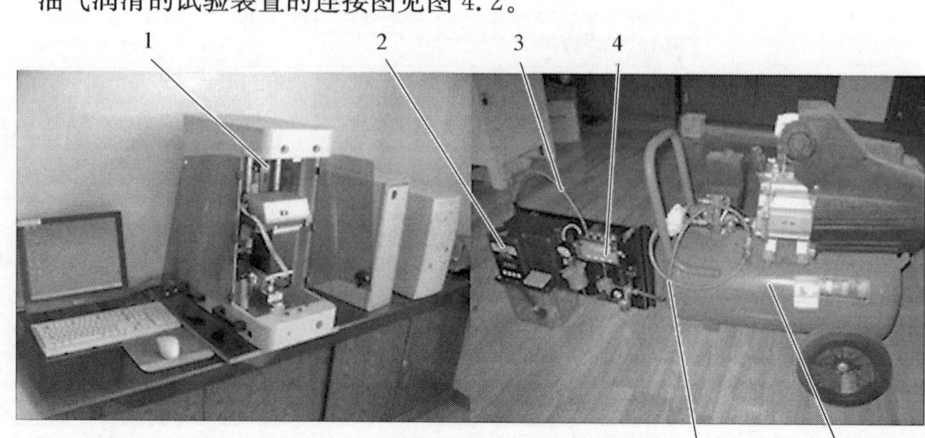

图 4.2 油气润滑的试验装置连接图

1-摩擦磨损试验机;2-PLC 控制装置;3-油气管道;4-油气混合阀;5-气泵与油气装置连接管;6-气压泵

4.2.2 结果与分析

1. 润滑性能

图 4.3 是 5 种喷油气工况的摩擦系数曲线图。图 4.3(a)～(d)分别对应 4 种 2%添加剂的油气润滑;(e)对应 DOD 基础油(不含添加剂)的油气润滑。从(a)～(e)曲线上看出:试验刚开始,由于无润滑油的润滑,摩擦系数急剧上升,在试验开始后的第 2 秒喷一次油气后,由于摩擦表面润滑油的润滑,摩擦系数迅速下降。运转一段时间后,摩擦表面的润滑油被甩干,进而润滑薄膜被磨损破坏,导致上、下试样的基体材料发生直接的接触磨损,故摩擦系数再次急剧升高,再喷一次油气后,

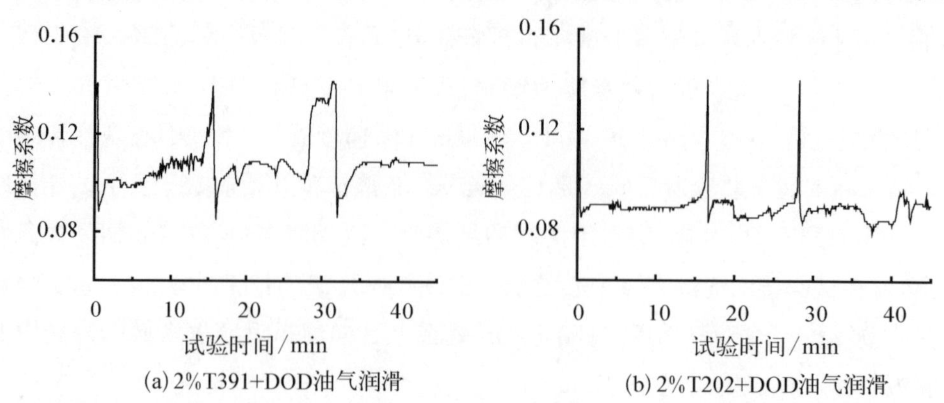

(a) 2%T391+DOD油气润滑 (b) 2%T202+DOD油气润滑

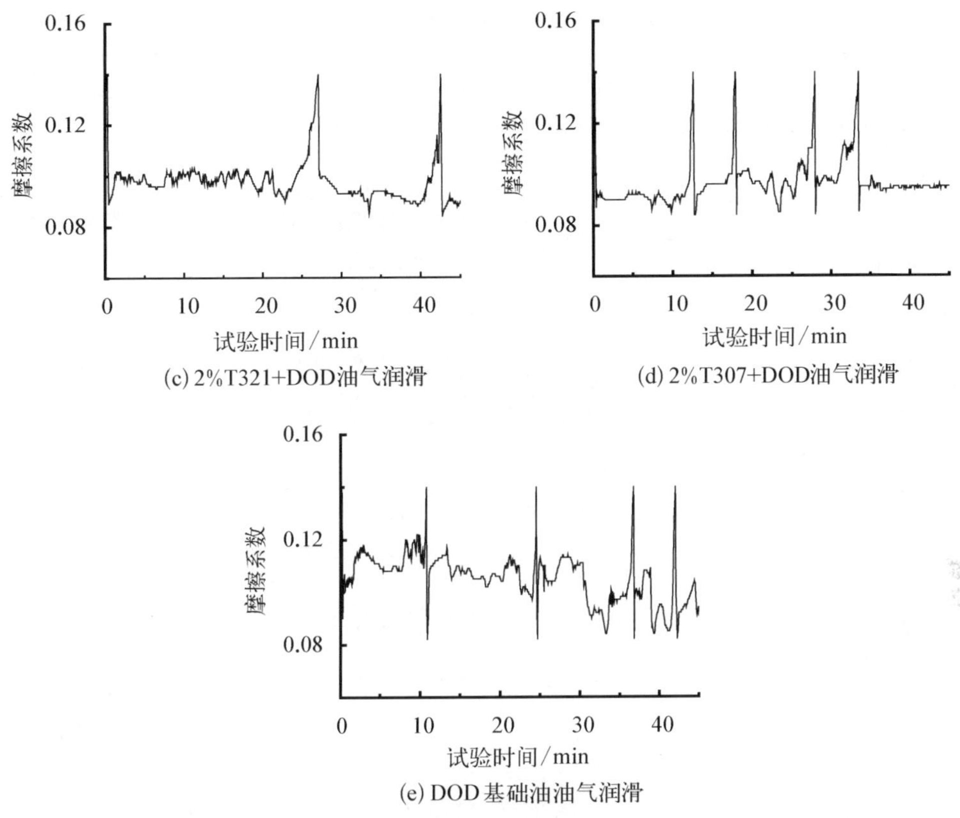

(c) 2%T321+DOD油气润滑

(d) 2%T307+DOD油气润滑

(e) DOD基础油油气润滑

图 4.3　油气润滑 45 min 的摩擦系数曲线

摩擦系数又迅速下降。如此反复进行，直到 45 min 试验结束(图中较长的竖直线是喷油气引起的)。5 种润滑工况 45 min 的喷油气情况见表 4.1。其中，2% T307+DOD 和 DOD 基础油各喷油气 5 次、消耗油量均为 0.025 ml，而 2% T391+DOD、2% T202+DOD 和 2% T321+DOD 喷油气均为 3 次、消耗油量均为 0.015 ml。2% T307+DOD 和 DOD 基础油的喷油气次数最多，说明二者的摩擦表面润滑膜的抗磨性差。

表 4.1　试验 45 min 的喷油气次数和总耗油量

润滑剂	2% T391+DOD	2% T202+DOD	2% T321+DOD	2% T307+DOD	DOD
喷油气次数	3	3	3	5	5
总耗油量/ml	0.015	0.015	0.015	0.025	0.025

2. 磨损性能

5 种喷油气润滑工况 45 min 的上试样磨痕宽度见表 4.2 和图 4.4。最小的磨痕宽度是 2% T391+DOD，而最大的磨痕宽度却是 2% T321+DOD，这是由于

表 4.2 油气润滑 45 min 的上试样磨痕宽度

润滑剂	2% T391+DOD	2% T202+DOD	2% T321+DOD	2% T307+DOD	DOD
磨痕宽度/μm	421.32	616.22	752.97	550.96	720.63

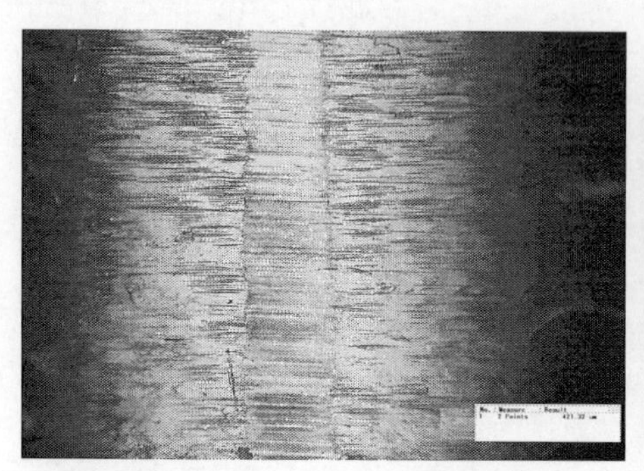

(a) 2%T391+DOD油气润滑 45 min

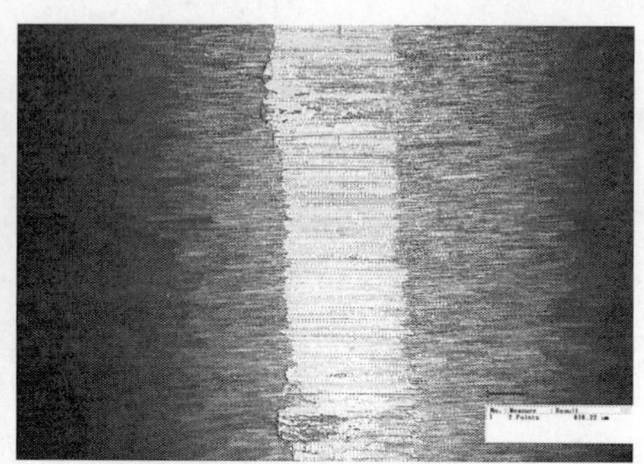

(b) 2%T202+DOD油气润滑 45 min

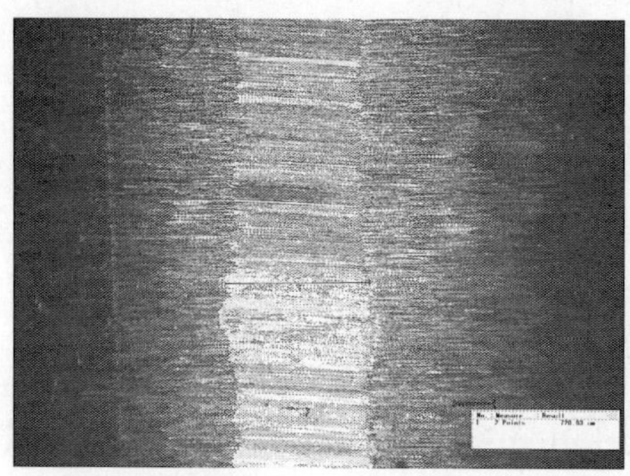

(c) DOD油气润滑 45 min

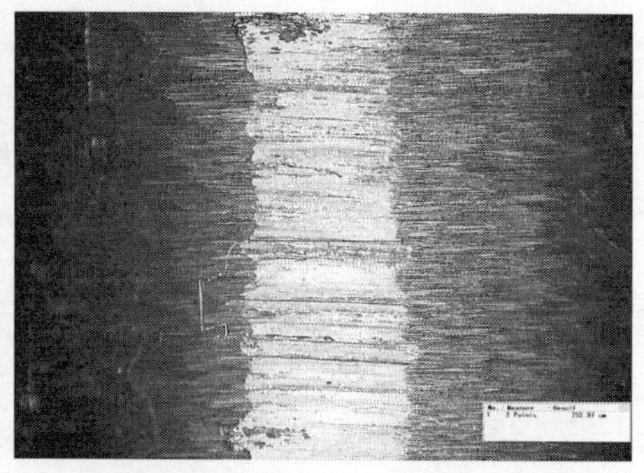

(d) 2%T321+DOD油气润滑 45 min

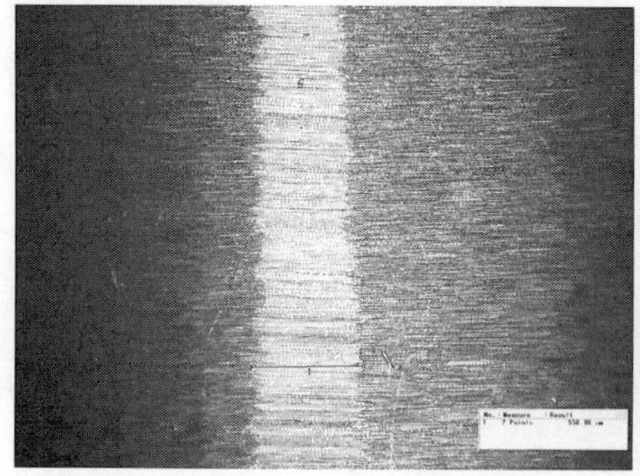

(e) 2%T307+DOD油气润滑 45 min

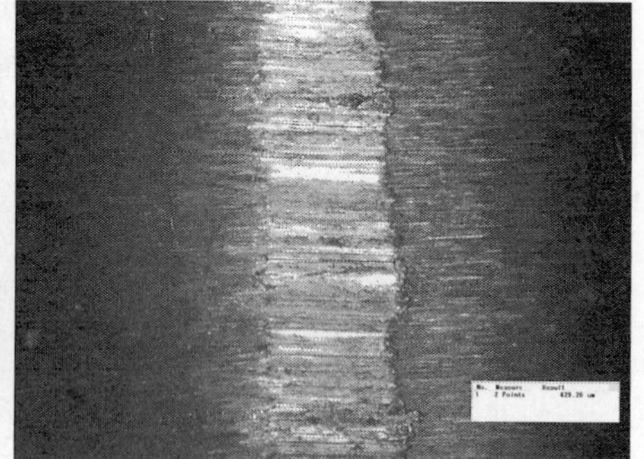

(f) 干摩擦 48 s

图 4.4 上试样的磨痕宽度和表面形貌(×100)

T321 是一种金属腐蚀剂，其油液使用量尽管最少，但其磨损量却最大，说明 2% T321+DOD 的腐蚀磨损严重。2% T307+DOD 油气润滑 45 min 的喷油气次数最多，说明其润滑膜的抗磨性差，2% T307+DOD 油气润滑 45 min 的过程中，摩擦系数上升了 5 次，说明上、下试样的基体材料发生了 5 次直接的接触磨损，但最终的磨损量却不太大，原因是 2% T307+DOD 的腐蚀磨损小，这是由于 2% T307+DOD中的 N 元素抑制了 P 元素的过度腐蚀。2% T391+DOD 油气润滑 45 min 的喷油气次数最少、磨损量也最小，说明 2% T391+DOD 的抗磨性好、腐蚀磨损也小。

干摩擦试验开始后，摩擦系数和摩擦区域的温度迅速上升，由于剧烈摩擦，产生振动和黏附。干摩擦试验仅进行了 48 s，则摩擦系数就接近 0.30，而上试样的磨痕宽度就达到 629.20 μm(图 4.4(f))。

3. 磨损表面形貌

图 4.4 显示了上试样的磨损表面形貌。2% T391+DOD 和 2% T307+DOD 的表面质量最好，这是由于 T307 和 T391 中的氮元素抑制了磷元素的过度腐蚀，所以磨损表面光滑平整。2% T202+DOD 和 2% T321+DOD 的磨损表面均出现了明显的腐蚀磨损而表面质量不好，二者的腐蚀磨损严重也是导致磨损量增大的一个重要因素。

4. 摩擦温度

摩擦时间越长，摩擦区域的温度就越高，5 种喷油气工况的上试样摩擦区域的温度均在 45 min 试验结束时最高。5 种喷油气工况的上试样摩擦区域试验前后的温升均不超过 30℃，而干摩擦仅 12 s 时的温升就超过 40℃。

可见，油气润滑的压缩空气能显著降低摩擦区域的温升。

对 DOD 航空油进行 2%极压抗磨添加剂的油气润滑试验，得到如下结果：

(1) 5 种油气润滑试验中，2% T391+DOD 的抗磨效果最好，而 2% T321+DOD 由于腐蚀磨损严重导致抗磨效果最差。

(2) 2% T391+DOD 的油气润滑只喷油气 3 次、用油量仅 0.015 ml，则其 45 min 的上试样磨痕宽度仅为 421.32 μm，而干摩擦仅 48 s 时的磨痕宽度却为 629.20 μm。

(3) 油气润滑的压缩空气能显著降低摩擦区域的温升。5 种油气润滑 45 min 的上试样摩擦区域的最高温升不超过 30℃，而干摩擦仅 12 s 时的温升就超过了 40℃。

(4) 5 种油气润滑试验中，2% T391＋DOD 和 2% T307＋DOD 的表面质量好。

总之，含 2% T391 的油气润滑只需极微量润滑油就能使磨损量大为减少、温升低且表面质量好，该技术对提高直升机传动系统干运转能力是一条可行途径。如进一步研究，需对直升机减速器啮合齿轮进行含极压抗磨添加剂的喷油气试验。

4.3 极压抗磨剂的最佳抗磨含量测定

润滑油添加剂是润滑油不可缺少的组成部分，它赋予润滑油本身所不具备或不足的特性。由第 3 章 2%添加剂的油雾润滑试验知：含 2% T391 和 2% T202 的抗磨效果均比基础油 DOD－L－85734 好，而含 2% T321 和 2% T307 的抗磨效果却均比基础油 DOD－L－85734 差。为了查清 T391、T202、T321 和 T307 这 4 种极压抗磨添加剂的最佳抗磨含量，本章对这 4 种极压抗磨添加剂进行不同质量百分含量的抗磨效果对比试验，以分别找出试验条件下的最佳抗磨百分含量。每种添加剂的不同含量抗磨性能的测试都是在相同试验条件下进行的。

上、下试样均是 12Cr2Ni4A 航空钢。上试样是 ϕ10 mm×4 mm 的小圆柱，下试样是 ϕ98 mm×4 mm 的圆盘。上、下试样的表面热处理与直升机减速器啮合齿轮相同：渗碳深度为 0.8～1.0 mm、表面硬度不低于 60HRC。试验前、后，上、下试样在丙酮中清洗 6 min，再用烘干箱烘干，试验后，用显微镜观察上试样的磨痕形貌并测量上试样的磨痕宽度。用 UMT－Ⅱ试验机做销盘摩擦磨损试验，载荷是 100 N，上、下试样为线接触。试验中，上试样固定而下试样以 1 000 r/min 的速度旋转，摩擦中心距旋转中心 25 mm。试验开始后，每隔 7 min 就用热电偶在上试样摩擦区域的内侧中心处测温。每次润滑试验的时间是 45 min。

对 T391、T202、T321 和 T307 添加剂分别采用了不同的润滑方式：T391、T321 和 T307 均采用油气润滑方式，而 T202 由于试验进行得较早，采用的是滴油润滑方式。

4.3.1 T391 的最佳抗磨含量测定

取 1%、2%、3.5%的 T391 分别加入到 DOD－L－85734 航空油中搅拌均匀，得到 3 种待测油样。摩擦试验开始前，在上、下试样待摩擦区域涂一层 DOD－L－

85734 航空油，再用柔软的纸擦干，以模拟直升机减速器失油状况。滑动摩擦过程中，如摩擦系数急剧升高，就在试样接触区的入口中心处喷一次油气。每次喷油气时间是 10 s、每次喷油量是 0.01 ml。油气润滑装置所需气压是 0.4 MPa。

1. 润滑性能

图 4.5 是 3 种百分含量的 T391 油气润滑 45 min 的摩擦系数曲线。图 4.5(a)～(c)分别对应 1% T391＋DOD、2% T391＋DOD 和 3.5% T391＋DOD。从(a)～(c)曲线上看出：试验刚开始，由于无润滑油的润滑，摩擦系数急剧上升，在试验开始后的第 2 秒喷一次油气后，由于摩擦表面润滑油的润滑，摩擦系数迅速下降，运转一段时间后，摩擦表面的润滑油被甩干，进而润滑薄膜被磨损破坏，导致上、下试样基体材料发生直接的接触磨损，故摩擦系数再次急剧升高。再喷一次油气后，摩擦系数又迅速下降。如此反复进行，直到 45 min 试验结束(图中较长的竖直线是喷油气引起)。3 种不同含量 45 min 的喷油气情况见表 4.3。1% T391＋DOD 与 2% T391＋DOD 各喷油气 2 次、消耗油量均为 0.02 ml，而 3.5% T391＋DOD 喷

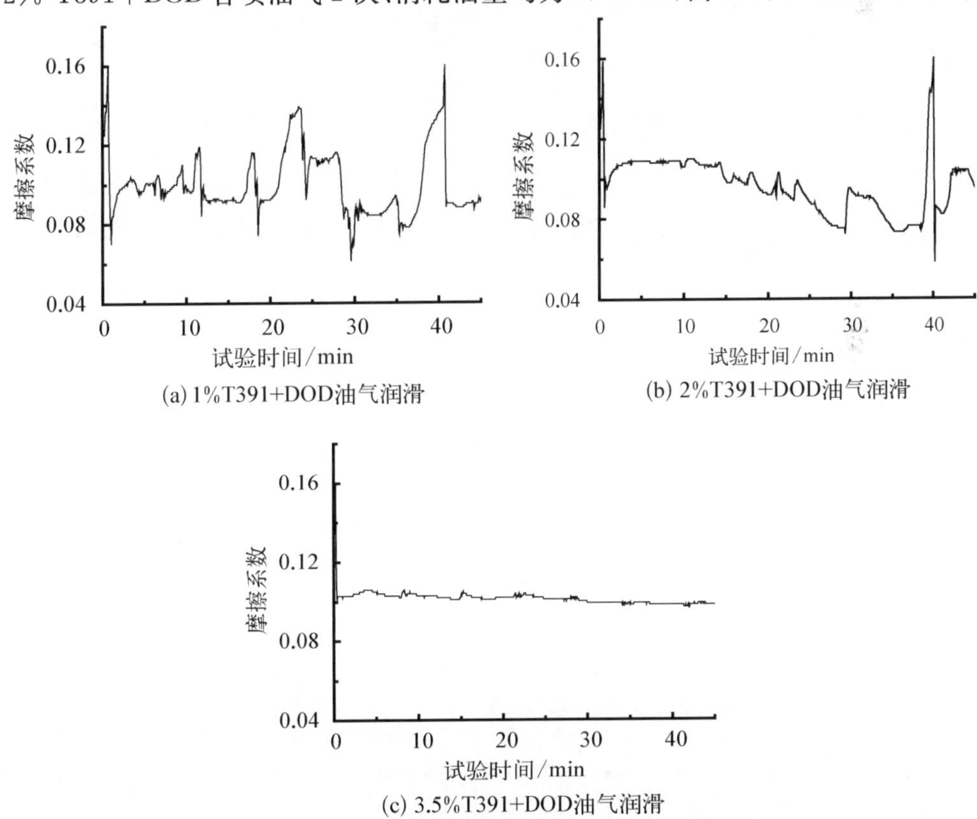

图 4.5　T391 不同含量油气润滑 45 min 的摩擦系数

油气仅 1 次、消耗油量仅 0.01 ml。

表 4.3　T391 不同含量油气润滑 45 min 的喷油气次数和总耗油量

润滑剂	1% T391+DOD	2% T391+DOD	3.5% T391+DOD
润滑次数	2	2	1
总耗油量/ml	0.02	0.02	0.01

3 组油气润滑试验中，3.5% T391+DOD 的喷油气次数最少且用油量最少。

2. 磨损性能

3 种不同含量油气润滑 45 min 的上试样磨痕宽度见表 4.4 和图 4.6。磨痕宽

表 4.4　T391 不同含量油气润滑 45 min 的上试样磨痕宽度

润滑剂	1% T391+DOD	2% T391+DOD	3.5% T391+DOD
磨痕宽度/μm	596	385	503.31

(a) 1%T391+DOD油气润滑

(b) 2%T391+DOD油气润滑

(c) 3.5%T391+DOD油气润滑

图 4.6　三种含量 T391 油气润滑 45 min 的上试样磨痕宽度和磨损形貌(×200 倍)

度最小的是 2% T391+DOD，仅为 385 μm。喷油次数最少的是 3.5% T391+DOD，仅喷油气 1 次、用油量仅 0.01 ml。上试样表面的磨损量由两部分组成：① 基体材料直接的接触磨损；② 添加剂与基体材料产生的腐蚀磨损。由图 4.5 看出：1% T391+DOD 的摩擦系数由于 T391 的添加量不足而起伏不定，45 min 内不断地发生上、下试样基体材料的接触摩擦磨损，导致上试样的磨损量增大。3.5% T391+DOD 的摩擦系数一直平稳没有升高，但其磨损量也大是因为发生了严重的腐蚀磨损(图 4.6(c))。

可见，抗磨添加剂含量少，则抗磨能力不足；抗磨添加剂含量过高，则由于腐蚀磨损严重，同样也使抗磨效果差。试验条件下，1% T391+DOD、2% T391+DOD 和 3.5% T391+DOD 中，抗磨效果最好的是 2% T391+DOD。

3. 摩擦温度

试验过程中发现：摩擦时间越长，摩擦区域的温度就越高。3 种不同含量 T391 油气润滑的上试样摩擦区域温度均在 45 min 试验结束时最高。3 种喷油气工况上试样摩擦区域试验前后的温升见表 4.5。2% T391+DOD 的温升最低，而 1%和 3.5%的温升均较高。1% T391+DOD 温升高主要是基体材料摩擦引起的，而 3.5% T391+DOD 温升高主要是过量 T391 引起的化学腐蚀磨损引起的。

表 4.5　油气润滑 45 min 的上试样摩擦区域的温升

润滑剂	1% T391+DOD	2% T391+DOD	3.5% T391+DOD
温升/℃	29	21	42

T391 的三种不同质量百分含量 1% T391+DOD、2% T391+DOD 和 3.5% T391+DOD 中，2% T391+DOD 的上试样磨痕宽度最小、其摩擦区域温升最低。可见，抗磨添加剂有最佳的抗磨添加量，试验条件下，T391 的最佳抗磨添加量是 2%。

由于添加量 2%与 3.5%的间隔较大，试验又进行了 2% T391+DOD 和 2.7% T391+DOD 的抗磨效果对比，进行的是油雾润滑试验，试验条件与 1% T391+DOD、2% T391+DOD 和 3.5% T391+DOD 的油气润滑试验条件相同，不同点在于油气润滑所需气压是 0.4 MPa，而油雾润滑所需气压是 0.1 MPa。试验结果表明：2% T391+DOD 油雾润滑共喷油雾 2 次、用油量 0.02 ml，而 2.7% T391+DOD 油雾润滑共喷油雾 5 次、用油量 0.05 ml。查看上、下试样的磨痕(图 4.7 和图 4.8)，则 2.7% T391+DOD油雾润滑 45 min 的上试样磨痕宽度远远大于 2% T391+DOD 油雾润滑 45 min 的磨痕宽度，2% T391+DOD 油雾润滑 45 min 的下试样磨痕轻微，几乎看不到，而 2.7% T391+DOD 的下试样磨痕深度却非常大(图 4.8)。

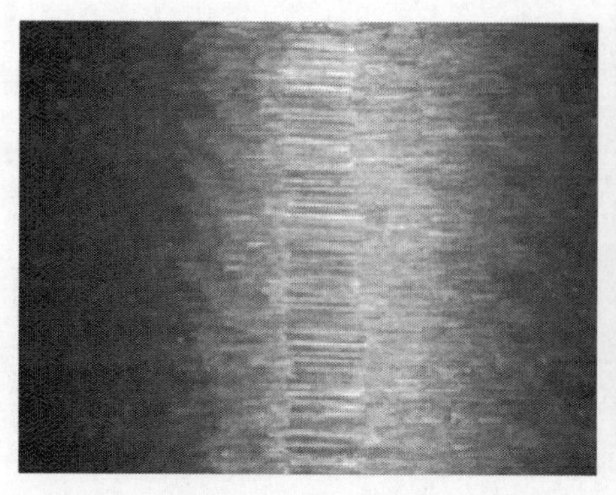

(a) 2%T391+DOD油气润滑45 min

(b) 2.7%T391+DOD油气润滑45 min

图 4.7 T391 上试样磨痕

(a) 2%T391+DOD油气润滑45 min (b) 2.7%T391+DOD油气润滑45 min

图 4.8 T391 下试样磨痕

可见：2% T391+DOD 比 2.7% T391+DOD 的抗磨效果好。

综上所述，1% T391+DOD、2% T391+DOD、2.7% T391+DOD 和 3.5% T391+DOD 中，抗磨效果最好的是 2% T391+DOD。即对 DOD-L-85734 航空油，添加剂 T391 的最佳抗磨百分含量是 2%。

4.3.2 T202 的最佳抗磨含量测定

取质量分数 1%、2%、3%和 5%的 T202 分别加入到 DOD-L-85734 航空油

中搅拌均匀，得到4种待测油样。摩擦试验开始前，在上、下试样待摩擦区域涂一层DOD－L－85734航空油。摩擦试验开始后，每隔5 min就在上、下试样接触区的入口中心处，用塑料滴管滴2滴含不同质量百分数的T202试验油样（1 ml＝47滴）。每隔5 min用热电偶在上试样摩擦区域的内侧中心处测温一次。

1. 润滑性能

图4.9是4种百分含量T202滴油润滑的摩擦系数曲线。图4.9(a)～(d)分别对应1％ T202＋DOD、2％ T202＋DOD、3％ T202＋DOD和5％ T202＋DOD。1％ T202＋DOD和5％ T202＋DOD的摩擦系数起伏不定，45 min内不断出现基体材料的直接接触摩擦，且在摩擦过程中，二者均因摩擦系数上升过快而增加了一次滴油，2％ T202＋DOD和3％ T202＋DOD的摩擦系数一直很平稳，没有显著升高，即基体材料表面的润滑膜把基体材料隔开，从而发生基体材料的直接接触磨损少。

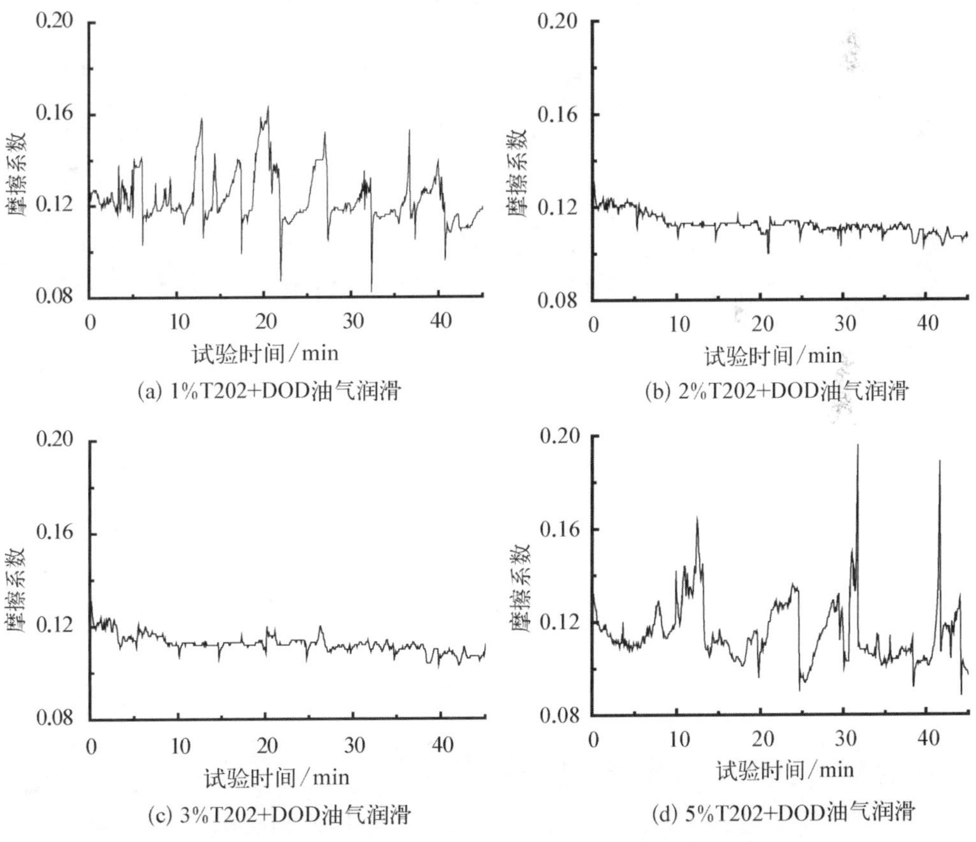

图4.9　T202不同含量的摩擦系数曲线

2. 磨损性能

4种不同百分含量1% T202+DOD、2% T202+DOD、3% T202+DOD和5% T202+DOD的上试样磨痕宽度见图4.10和表4.6。磨痕宽度较小的是2% T202+DOD和3% T202+DOD,磨痕宽度较大的是1% T202+DOD和5% T202+DOD。这是由于2% T202+DOD和3% T202+DOD摩擦表面的润滑膜把上、下试样的基体材料隔开,基体材料的直接接触磨损小,这从二者的摩擦系数一直平稳可知。1% T202+DOD和5% T202+DOD的摩擦系数起伏不定,即润滑45 min内,不断发生上、下试样基体材料的直接接触摩擦磨损,导致最终的磨损量增大,1% T202+DOD主要是T202的添加量不足,使其抗磨性不足,导致了摩擦系数起伏不定,而5% T202+DOD则由于T202添加过量,发生严重的腐蚀磨损,破坏了摩擦表面润滑油膜的稳定性,使摩擦系数起伏不定。5% T202+DOD的过量T202造成的严重的腐蚀磨损,也是其最终磨损量大的一个原因。

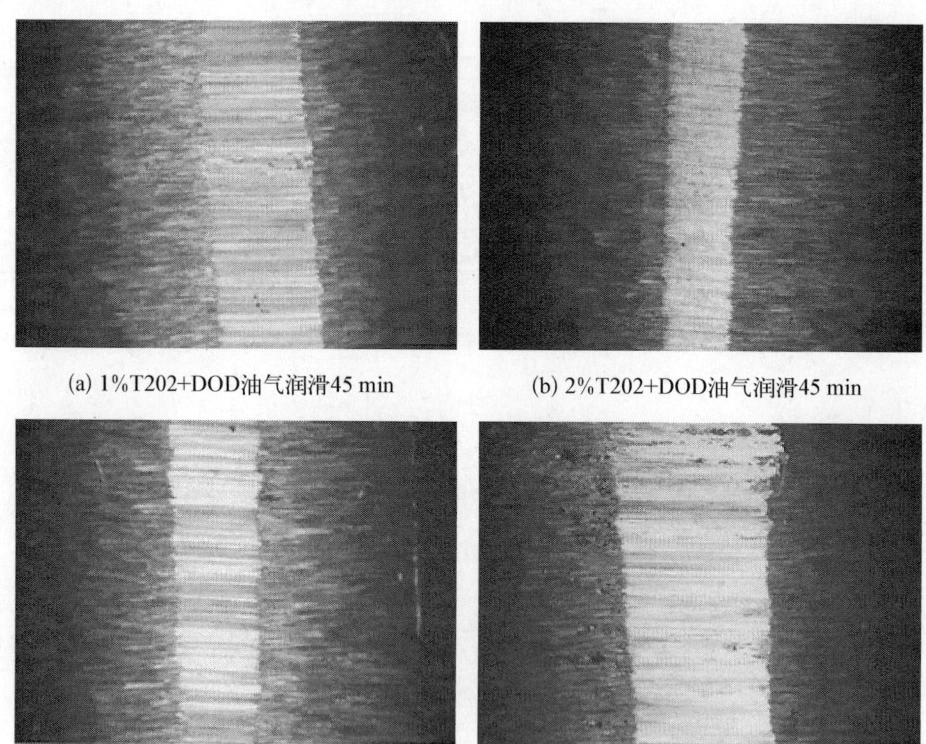

(a) 1%T202+DOD油气润滑45 min

(b) 2%T202+DOD油气润滑45 min

(c) 3%T202+DOD油气润滑45 min

(d) 5%T202+DOD油气润滑45 min

图4.10 不同含量T202的上试样磨痕宽度(×100倍)

表 4.6　不同含量 T202 滴油润滑 45 min 的上试样磨痕宽度

润滑剂	1% T202+DOD	2% T202+DOD	3% T202+DOD	5% T202+DOD
磨痕宽度/μm	724.68	479.56	625.32	1 067.58

可见，抗磨添加剂的添加量过少，则抗磨性不足，易引起基体材料的直接接触摩擦磨损，导致磨损量增大，而抗磨添加剂添加过量，则由于腐蚀磨损严重，且破坏了摩擦表面润滑油膜的稳定性，使基体材料发生直接的接触摩擦磨损，也导致磨损量增大。则抗磨添加剂有最佳的抗磨含量，对 DOD－L－85734 基础油来说，T202 的 1%、2%、3%和 5%等 4 种质量百分含量中，最佳的抗磨含量是 2%。

3. 摩擦温度

滴油润滑 45 min 的试验中，2% T202+DOD 和 3% T202+DOD 的上试样摩擦区域温升为 28℃，而 1% T202+DOD 和 5% T202+DOD 的上试样摩擦区域的温升为 35℃。可见，1% T202+DOD、5% T202+DOD 比 2% T202 +DOD、3% T202+DOD 的摩擦区域温升高，这是由于 1% T202+DOD 和 5% T202+DOD 滴油润滑 45 min 的过程中，摩擦系数起伏不定，不断地出现上、下试样基体材料的直接接触摩擦磨损，最终导致二者的摩擦区域温升高。2% T202+DOD 和 3% T202+DOD 的摩擦系数没有起伏，一直平稳，摩擦表面上、下试样的基体材料被润滑油膜隔开，极少出现上、下试样基体材料的直接接触摩擦磨损，故摩擦区域温升低。

通过对 T202 进行不同质量百分数的摩擦磨损对比试验，得出如下结论：对基础油 DOD－L－85734 来说，添加 T202 不同质量百分数 1%、2%、3%、5%的摩擦系数和磨损量均不同：2% T202+DOD 和 3% T202+DOD 的摩擦系数平稳且磨损量较小，磨损量最小的是 2% T202+DOD，而 1% T202+DOD 和 5% T202+DOD 的摩擦系数起伏不定，磨损量较大。

4.3.3　T321 的最佳抗磨含量测定

取质量分数 0.5%、1%、1.5%、2%的 T321 分别加入到 DOD－L－85734 航空油中搅拌均匀，得到 4 种待测油样。摩擦试验开始前，在上、下试样的待摩擦区域涂一层 DOD－L－85734 基础油，再用柔软的纸擦干。滑动摩擦过程中，摩擦系数急剧升高，就在试样接触区的入口中心处喷一次油气，每次喷油气时间是 10 s、每次喷油量是 0.005 ml。油气润滑装置所需气压是 0.4 MPa。

1. 润滑性能

图 4.11 是几种喷油气工况的摩擦系数曲线图。图 4.11(a)~(c)分别对应 T321 不同含量的油气润滑,(d)对应 DOD 基础油(不含添加剂)的油气润滑。从(a)~(d)曲线上看出:试验刚开始,摩擦系数就急剧上升,在试验开始后的第 2 秒喷一次油气后,摩擦系数迅速下降,经过一段时间后,润滑油被甩干,进而润滑薄膜被磨损破坏,摩擦系数再次急剧升高,再喷一次油气后,摩擦系数又迅速下降。如此反复进行,直到 45 min 试验结束(图中较长的竖直线是喷油气引起的)。5 种润滑工况 45 min 的喷油气情况见表 4.7。其中 1% T321+DOD 和 2% T321+DOD 和 DOD 各喷油气 4 次、消耗油量均为 0.02 ml,而 0.5% T321+DOD 和 1.5% T321+DOD 各喷油气 5 次、消耗油量均为 0.025 ml。

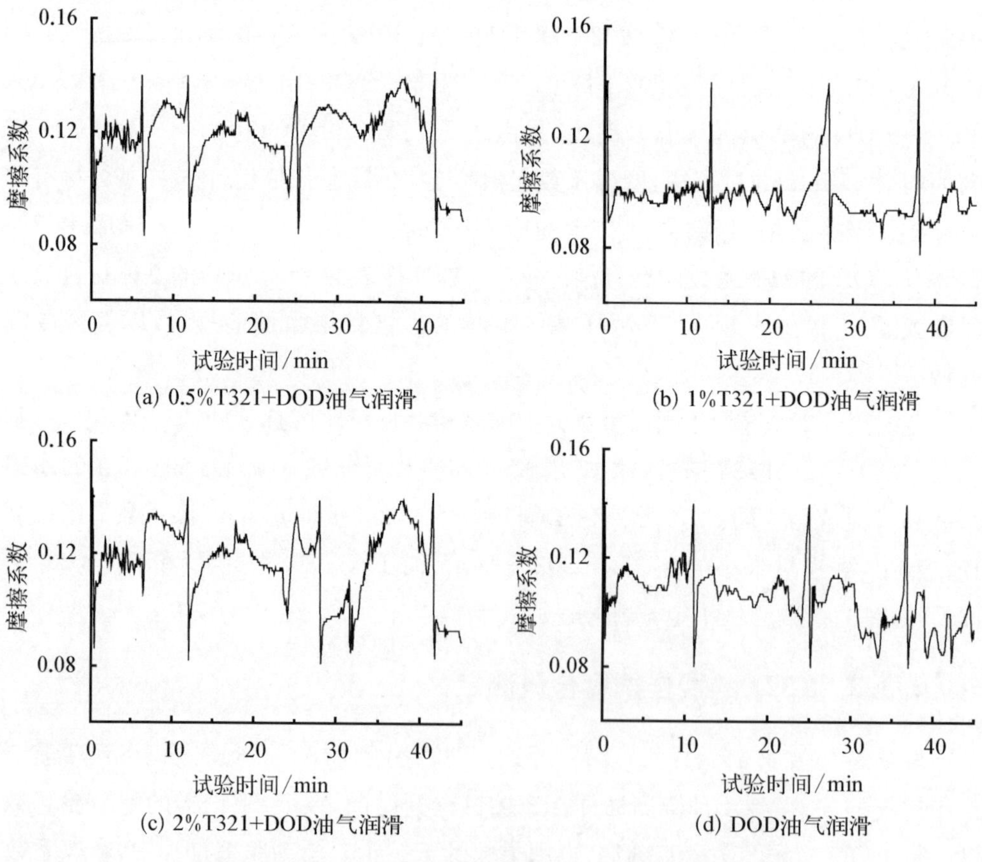

图 4.11　T321 不同含量油气润滑 45 min 的摩擦系数曲线

表 4.7　T321 不同含量油气润滑 45 min 的喷油气次数和总耗油量

润滑剂	0.5% T321+DOD	1% T321+DOD	1.5% T321+DOD	2% T321+DOD	DOD
喷油气次数	5	4	5	4	4
总耗油量/ml	0.025	0.02	0.025	0.02	0.02

2. 磨损性能

4 种不同含量 0.5% T321+DOD、1% T321+DOD、1.5% T321+DOD 和 2% T321+DOD 的油气润滑 45 min 的上试样磨痕宽度见表 4.8 和图 4.12。磨痕宽度较小的是 0.5% T321+DOD 和 1% T321+DOD，二者的磨痕宽度均比 DOD

表 4.8　T321 不同含量油气润滑 45 min 的上试样磨痕宽度

润滑剂	0.5% T321+DOD	1% T321+DOD	1.5% T321+DOD	2% T321+DOD	DOD
磨痕宽度/μm	573.79	427.07	661.93	781.81	678.8

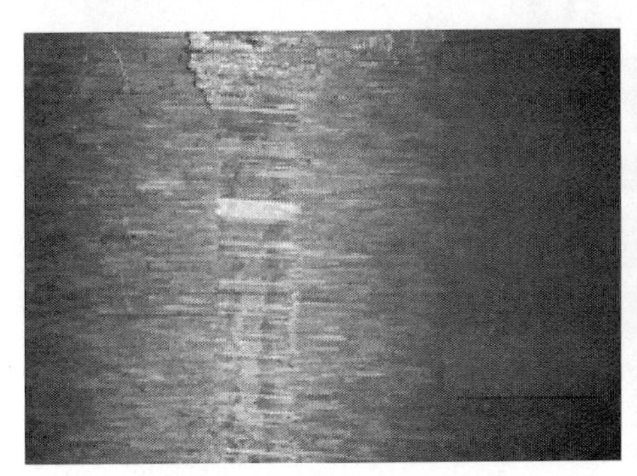

(a) 0.5%T321+DOD油气润滑

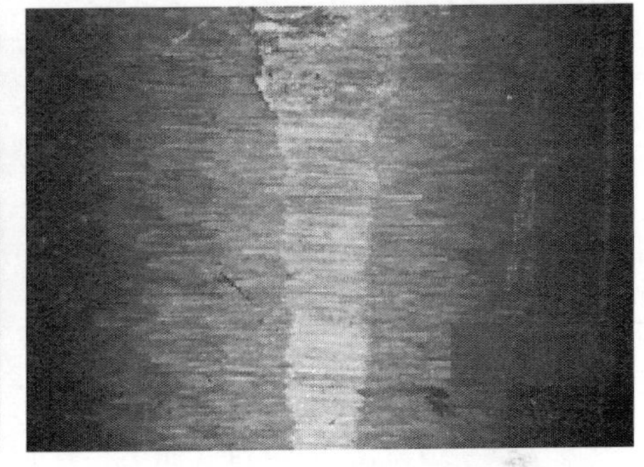

(b) 1%T321+DOD油气润滑

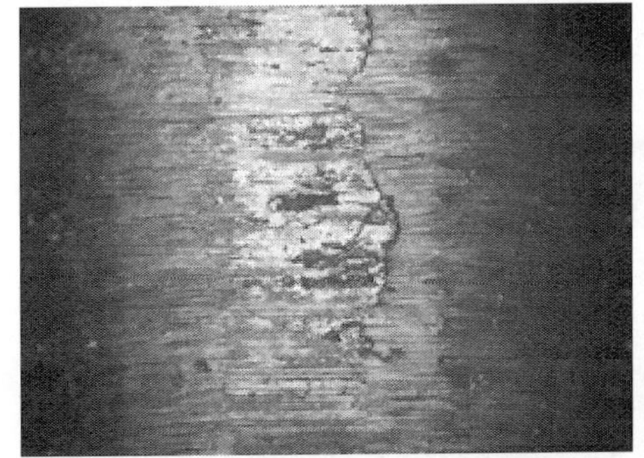

(c) 1.5%T321+DOD油气润滑

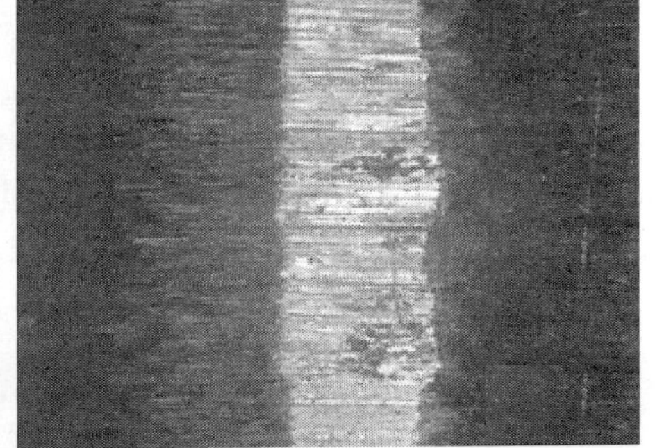

(d) 2%T321+DOD油气润滑

图 4.12　不同含量 T321 油气润滑 45 min 的上试样磨痕宽度和磨损形貌(×100)

基础油的磨痕宽度小，磨痕宽度较大的是 1.5% T321+DOD，其与 DOD 基础油的磨痕宽度接近，而 2% T321+DOD 的磨痕宽度最大，它比 DOD 基础油的磨痕宽度大得多，即 2% T321 不但不减磨，反而起到了增加磨损的作用。

1.5% T321+DOD 和 2% T321+DOD 由于 T321 的含量大，使基体表面发生了严重的腐蚀磨损，从而引起了磨损量增大(图 4.12 (c)和(d))。

下试样的磨损量和上试样的磨损量对应：磨损量大的上试样对应的下试样的磨损量也大，磨损量小的上试样对应的下试样的磨损量也小。图 4.13 所示：左边圆盘上的磨痕是 1% T321+DOD 油气润滑 45 min，右边圆盘上的磨痕是 1.5% T321+DOD 油气润滑 45 min，显然：1.5% T321+DOD 下试样的磨损量比 1% T321+DOD 下试样的磨损量大得多。

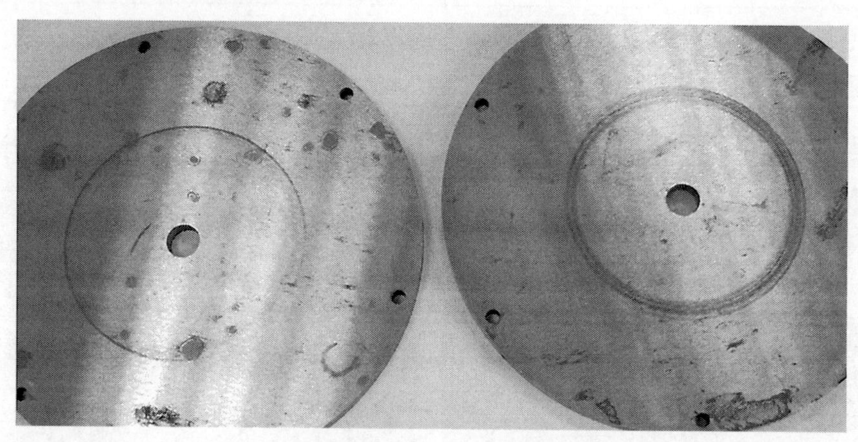

(a) 1%T321油气润滑45 min　　(b) 1.5%T321油气润滑45 min

图 4.13　不同含量 T321 的下试样磨损效果对比

T321 的几种质量百分含量 0.5%、1%、1.5%和 2%中，表面质量最好的是 1% T321+DOD。0.5% T321+DOD 由于 T321 的含量低，抗磨性不足，导致上、下试样基体材料发生直接的接触磨损，从而使磨损表面粗糙，1.5% T321+DOD 和 2% T321+DOD 则主要由于 T321 的浓度大，引起的腐蚀磨损也大，最终导致磨损表面质量不好(图 4.12)。

可见：抗磨剂有最佳的抗磨百分含量，对 DOD-L-85734 基础油来说，T321 的 4 种不同百分含量 0.5%、1%、1.5%、2%中，最佳的抗磨含量是 1%。

3. 摩擦温度

试验时的室温是 13～15℃。T321 不同含量油气润滑 45 min 的上试样摩擦区域温升见表 4.9。由表 4.9 看出：T321 浓度大，则摩擦区域的温升反而高，而由图 4.11得知：T321 的几种不同质量百分含量 45 min 的喷油气次数和用油量相差不大，说明 1.5% T321+DOD 和 2% T321+DOD 摩擦区域温升高主要是 T321 浓度大，引起的腐蚀磨损大。

表 4.9　T321 不同含量油气润滑 45 min 的上试样摩擦区域温升

润滑剂	0.5% T321+DOD	1% T321+DOD	1.5% T321+DOD	2% T321+DOD
温升/℃	14	14	21	28

4. 抗磨机理

T321 中含有 44%的硫，其分子式见图 4.14。由上试样磨损表面的能谱图看出：在上试样的磨损表面上，除了基体材料 12Cr2Ni4A 的各元素 Fe、Cr、Ni 外，还出现了 S 元素，这是添加剂 T321 在摩擦表面上释放的 S 元素。在摩擦过程中，T321 分子中所含有的活性硫元素与金属表面发生了摩擦化学反应，生成了有利于改善减摩、抗磨性能的硫化铁化合物及硫化铁的氧化物硫酸铁保护膜，新生的金属表面也能生成氧化铁，从而起到减摩、抗磨作用。但随着 T321 加入的量增大，其磨损也增大，可见，T321 是一种金属腐蚀剂。优良的性能需具备适度的化学活性。活性太强，则腐蚀性过大，太弱，则极压性不足。T321 提高极压性能是以牺牲表面磨损为基础的。

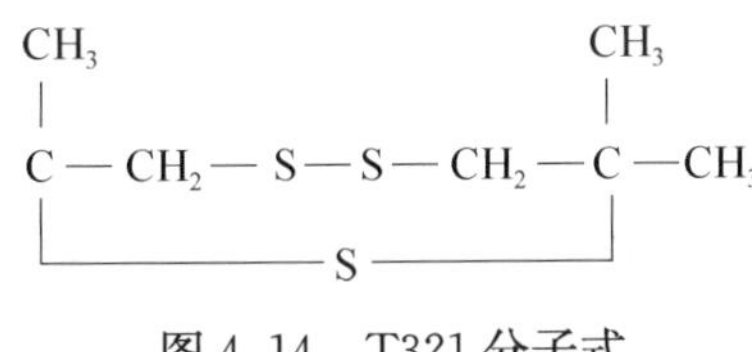

图 4.14　T321 分子式

对 DOD-L-85734 基础油来说，T321 的不同质量百分含量 0.5%、1%、2%中的最佳抗磨百分含量是 1%。

通过对 T321 进行不同质量百分含量的摩擦磨损效果对比试验，得出如下结论：对基础油 DOD-L-85734，添加 T321 的不同质量百分含量的磨损量不同，0.5% T321+DOD 和 1% T321+DOD 的磨损量较小，磨损量最小的是 1% T321+DOD，而 1.5% T321+DOD 和 2% T321+DOD 的磨损量较大。这是由于 T321 添加量大，引起的腐蚀磨损也大。对 DOD-L-85734 航空油，T321 的 4 种不同质量百分含量 0.5%、1%、1.5%、2%中的最佳抗磨百分含量是 1%：其磨损量最小、摩擦区域温升最低且磨损表面质量最好。

4.3.4 T307最佳抗磨含量测定

取质量分数0.5%、1%、1.5%、2%的T307分别加入到DOD航空油中，搅拌均匀，得到5种待测油样(包括DOD基础油)。摩擦试验开始前，在上、下试样待摩擦区域涂一层DOD基础油，再用柔软的纸擦干，滑动摩擦过程中，摩擦系数急剧升高，就在试样接触区的入口中心处喷一次油气，每次喷油气时间是10 s、每次喷油量是0.005 ml。油气润滑装置所需气压是0.4 MPa。

1. 润滑性能

图4.15是4种喷油气工况的摩擦系数曲线图。(a)～(c)分别对应T307不同含量的油气润滑，(d)对应DOD基础油(不含添加剂)的油气润滑。从(a)～(d)曲线上看出：试验刚开始，由于无润滑油的润滑，摩擦系数急剧上升，在试验开始后的第2秒喷一次油气后，由于摩擦表面润滑油的润滑，摩擦系数迅速下降。运转一段时间后，摩擦表面的润滑油被甩干，进而摩擦表面的润滑薄膜被磨

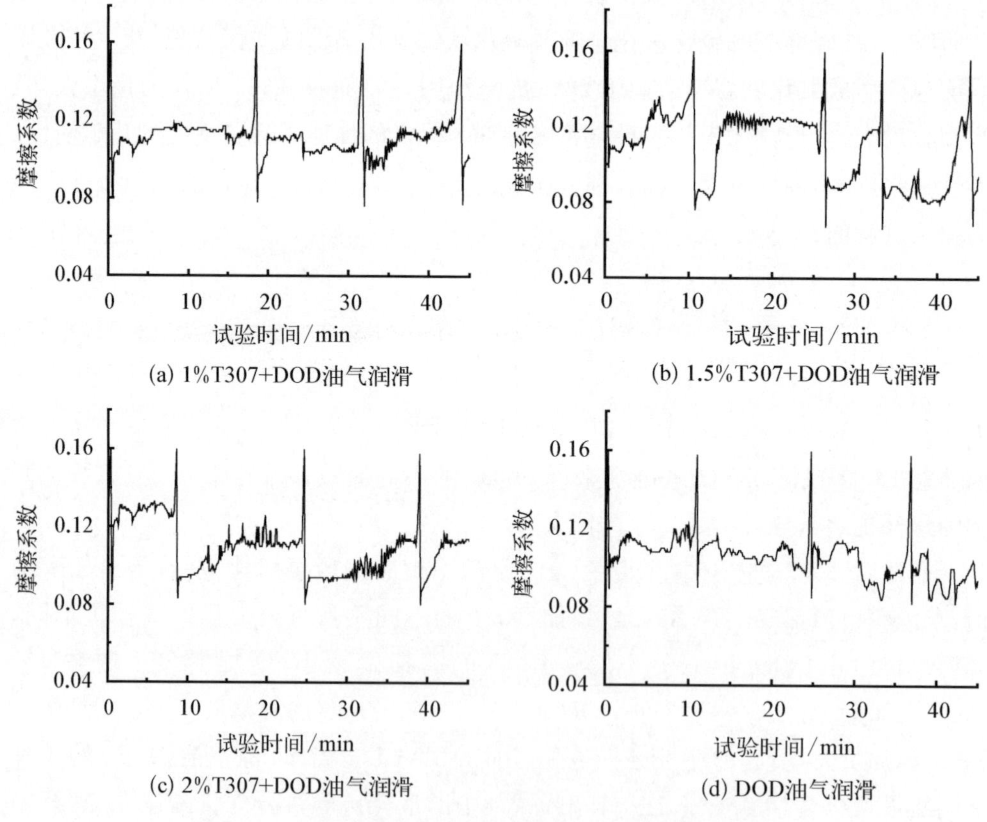

图4.15 不同含量T307油气润滑45 min的摩擦系数曲线

损破坏，导致上、下试样基体材料发生直接的接触磨损，故摩擦系数再次急剧升高，再喷一次油气后，摩擦系数又迅速下降。如此反复进行，直到 45 min 试验结束（图中较长的竖直线是喷油气引起的）。5 种润滑工况 45 min 的喷油气情况见表 4.10。其中0.5% T307＋DOD 、1% T307＋DOD、2% T307＋DOD 和 DOD 各喷油气 4 次、消耗油量均为 0.02 ml，而 1.5% T307＋DOD 喷油气 5 次、消耗油量 0.025 ml。

表 4.10　不同含量 T307 油气润滑 45 min 的喷油气次数和总耗油量

润滑剂	0.5% T307+DOD	1% T307+DOD	1.5% T307+DOD	2% T307+DOD	DOD
喷油气次数	4	4	5	4	4
总耗油量/ml	0.02	0.02	0.025	0.02	0.02

2. 磨损性能

4 种不同质量百分含量的上试样磨痕形貌见图 4.16，磨痕宽度见表 4.11。

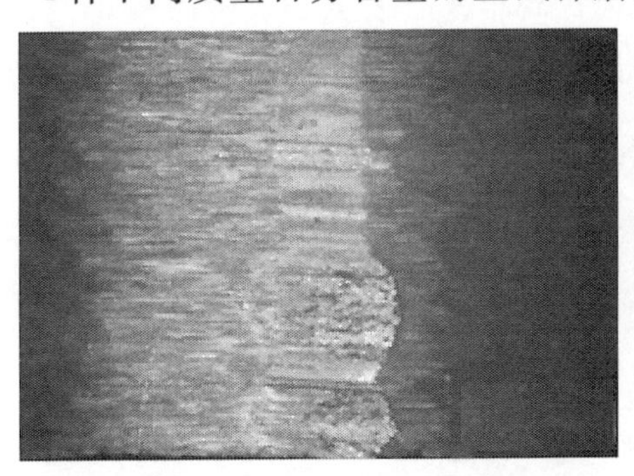

(a) 0.5%T307+DOD油气润滑

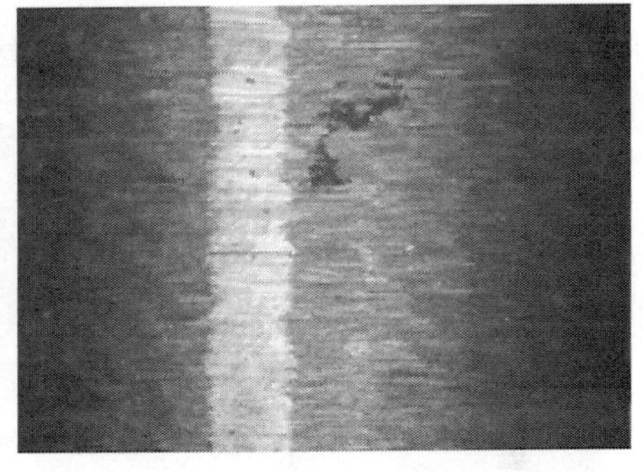

(b) 1%T307+DOD油气润滑

(c) 2%T307+DOD油气润滑

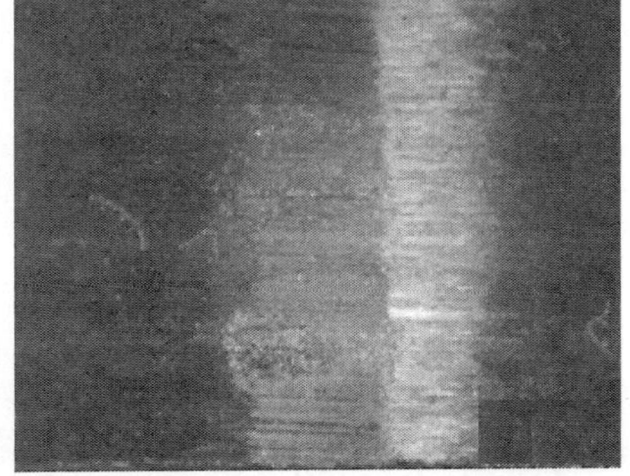

(d) DOD油气润滑

图 4.16　油气润滑 45 min 的上试样磨痕宽度和磨损形貌（×100 倍）

0.5% T307+DOD 和 1% T307+DOD 油气润滑 45 min 的磨痕宽度均比 DOD 基础油油气润滑 45 min 的磨痕宽度小，磨痕宽度最小的是 1% T307+DOD，其油气润滑 45 min 的磨痕宽度仅为 392.85 μm，而 DOD 油气润滑 45 min 的磨痕宽度却为 678.8 μm。1.5% T307+DOD 和 2% T307+DOD 油气润滑 45 min 的磨痕宽度均比 DOD 基础油油气润滑 45 min 的磨痕宽度大，即 1.5% T307 和 2% T307 添加到 DOD 航空油中，不但起不到减磨的作用，反而起到了增加磨损的作用，这是由于高浓度的添加剂引起的腐蚀磨损也大。

表 4.11 不同含量 T307 油气润滑 45 min 的上试样磨痕宽度

润滑剂	0.5% T307+DOD	1% T307+DOD	1.5% T307+DOD	2% T307+DOD	DOD
磨痕宽度/μm	511.40	392.85	725	741.73	678.8

下试样的磨损量和上试样的磨损量相对应：磨损量大的上试样，对应的下试样磨损量也大，磨损量小的上试样，对应的下试样磨损量也小。由图 4.17 看出：1.5% T307+DOD 油气润滑 45 min 的下试样比 1% T307+DOD 油气润滑45 min 的下试样磨痕明显。

(a) 1%T307+DOD油气润滑　　(b) 1.5%T307+DOD油气润滑

图 4.17　T307 油气润滑 45 min 的下试样磨痕

T307 的 4 种质量百分含量 0.5%、1%、1.5%、2%中，表面质量最好的是 1% T307+DOD(图 4.16 和图 4.17)。0.5% T307+DOD 中 T307 的含量低，其抗磨性不足，导致上、下试样基体材料发生直接的接触磨损，使磨损表面粗糙。1.5%

T307+DOD和2% T307+DOD则主要由于T307的浓度大，引起的腐蚀磨损也大，最终导致磨损表面质量不好。

可见，抗磨添加剂有最佳的抗磨百分含量。对DOD-L-85734基础油来说，T307的4种质量百分含量0.5%、1%、1.5%和2%中，最佳的抗磨质量百分含量是1%。

3. 摩擦温度

试验时的室温是13～15℃。T307不同含量油气润滑45 min的上试样摩擦区域温升见表4.12。由表4.12看出：T307浓度大，则摩擦区域的温升反而高，而T307的4种不同质量百分含量油气润滑45 min的喷油气次数和用油量相差不大，这说明1.5% T307+DOD和2% T307+DOD摩擦区域温升高是T307的腐蚀磨损引起的。T307的4种不同质量百分含量0.5%、1%、1.5%、2%中，上试样摩擦区域试验前后的温升最低的是1% T307+DOD。

表4.12　T307不同含量油气润滑45 min的上试样摩擦区域温升

润滑剂	0.5% T307+DOD	1% T307+DOD	1.5% T307+DOD	2% T307+DOD
温升/℃	17	14	21	24

4. T307抗磨机理

由T307的上试样磨损表面能谱图看出：在上试样的磨损表面上，除了基体材料12Cr2Ni4A各元素Fe、Cr、Ni，还出现了S、P、N元素，这是添加剂T307释放的S、P、N元素，其中S元素主要起极压作用，P元素主要起抗磨作用，N元素则抑制了P元素的过度腐蚀。

通过对T307的不同质量百分含量的摩擦磨损效果对比试验，得出了如下结果：对于DOD-L-85734航空油，添加T307的不同质量百分含量的磨损量不同，0.5% T307+DOD和1% T307+DOD的磨损量均比DOD基础油的磨损量小。磨损量最小的是1% T307+DOD。磨损量较大的是1.5% T307+DOD和2% T307+DOD，二者的磨损量均比DOD基础油的磨损量大。这是由于T307添加量大，引起的腐蚀磨损也大。对DOD-L-85734航空油来说，T307的4种不同质量百分含量0.5%、1%、1.5%、2%中的最佳的抗磨含量是1%：其磨损量最小、摩擦区域温升最低、表面质量最好。

4.4 结　　论

对 DOD－L－85734 航空油进行 2%添加剂 T391、T202、T321、T307 的油气润滑试验研究，结果是：2% T391＋DOD 的抗磨效果最好，而 2% T321＋DOD 由于腐蚀磨损严重导致抗磨效果最差；含 2% T391 的油气润滑，只喷油气 3 次、用油量仅 0.015 ml，则 45 min 的上试样磨痕宽度仅为 421.32 μm，而干摩擦仅 48 s 时的磨痕宽度却为 629.20 μm；油气润滑的压缩空气能显著降低摩擦区域的温升：5 种油气润滑 45 min 的上试样摩擦区域最高温升不超过 30℃，而干摩擦仅 12 s 时的温升就超过 40℃；5 种油气润滑试验中，2% T391＋DOD 和 2% T307＋DOD 的表面质量好。

对 DOD－L－85734 航空油进行添加剂 T391、T202、T321、T307 的最佳抗磨百分含量的测定，结果是：T391 的抗磨效果最好的是 2%；T202 的抗磨效果最好的是 2%；T321 的抗磨效果最好的是 1%；T307 的抗磨效果最好的是 1%。

第 5 章

含极压抗磨剂的油气润滑用于直升机润滑系统应急措施的可行性

5.1 引　言

以前的油雾润滑，只有 60%～75%的油滴到达润滑点，其余的 25%～40%的润滑油则以雾状进入大气中。后来经过改进，润滑油的利用率能达 90%，但仍有少量雾状润滑油进入大气，使环境受到污染。由于油雾的压力很低，为了克服油雾流动时的阻力，必须采用截面积较大的管道。而油气润滑和油雾润滑既相似也有不同点，相同点都是以压缩空气为动力，不同点是油气润滑并不将油撞击成碎雾，而是利用压缩空气的流动，将细小油滴沿管壁输送到润滑点。与油雾润滑不同，油气润滑使用油液的黏度范围很广。

本章用试验数据说明：含极压抗磨剂的油气润滑的抗磨效果优于相应的油雾润滑抗磨效果。本章以 T391 和 T202 这 2 种添加剂的最佳抗磨含量为例，进行油气润滑和油雾润滑抗磨效果对比。为降低试验成本，本书仍以销盘摩擦磨损试验代替齿轮传动。

5.2　含极压抗磨剂的油气润滑与油雾润滑抗磨效果对比

5.2.1　试验材料

试验用基础油是 DOD－L－85734 航空油(以下简称 DOD)。添加剂是 T391

(磷酸复酯铵盐)、T202(二烷基二硫代磷酸锌,ZDDP),取这 2 种添加剂的最佳抗磨质量百分含量分别加入到 DOD 基础油中,搅拌均匀,得到 2 种待测油样。上、下试样均是 12Cr2Ni4A 钢。上试样是 ϕ10 mm×4 mm 的小圆柱,下试样是 ϕ98 mm×4 mm 的圆盘。上、下试样的表面处理与直升机减速器啮合齿轮的技术要求相同:渗碳深度 0.8~1.0 mm、表面硬度不低于 60HRC。试验前后,试样在丙酮中清洗5 min,再用热风吹干。试验后,用显微镜观察上试样的磨痕形貌并测量上试样的磨痕宽度,再用粗糙度轮廓仪测量上试样平行于轴线的磨痕中线的粗糙度值 Ra 和 Rz。

5.2.2 试验方法

油雾润滑装置和油气润滑装置所需气压分别是 0.1 MPa 和 0.40 MPa。摩擦磨损装置是 UMT-Ⅱ试验机。载荷是 100 N,上、下试样接触方式为线接触,其中上试样不动而下试样以 1 000 r/min 的速度旋转。摩擦中心距旋转中心 25 mm。试验模拟直升机减速器失油状况:在上、下试样待摩擦区域涂一层 DOD 基础油后,再用柔软的纸擦干。试验过程中,摩擦系数急剧升高,就在试样接触区的入口中心处喷一次油雾或油气,每次喷油雾或油气的时间是 7 s、每次喷油量是 0.007 ml。试验开始后,每隔 5 min 就用热电偶在上试样最靠近摩擦区域的外侧中心处测温。每次润滑试验的时间是 45 min。

5.2.3 结果与分析

1. 润滑性能

图 5.1 是 4 种摩擦系数曲线图,其中(a)和(b)是 2% T202+DOD 和 2% T391+DOD 油雾润滑 45 min,(c)和(d)是 2% T202+DOD 和 2% T391+DOD 油气润滑 45 min。从(a)~(d)曲线上看出:试验刚开始,由于无润滑油的润滑,摩擦系数急剧上升,在试验开始后的第 2 秒喷一次油雾或油气后,由于摩擦表面润滑油的润滑,摩擦系数迅速下降。运转一段时间后,摩擦表面的润滑油被甩干、进而摩擦表面润滑薄膜被磨损破坏,最终导致上、下试样的基体材料发生直接接触摩擦磨损,故摩擦系数再次急剧升高,再喷一次油雾或油气后,摩擦系数又迅速下降。如此反复进行,直到 45 min 试验结束(图中较长的竖直线是喷油雾或喷油气引起的)。4 种工况润滑 45 min 的喷油量见表 5.1。

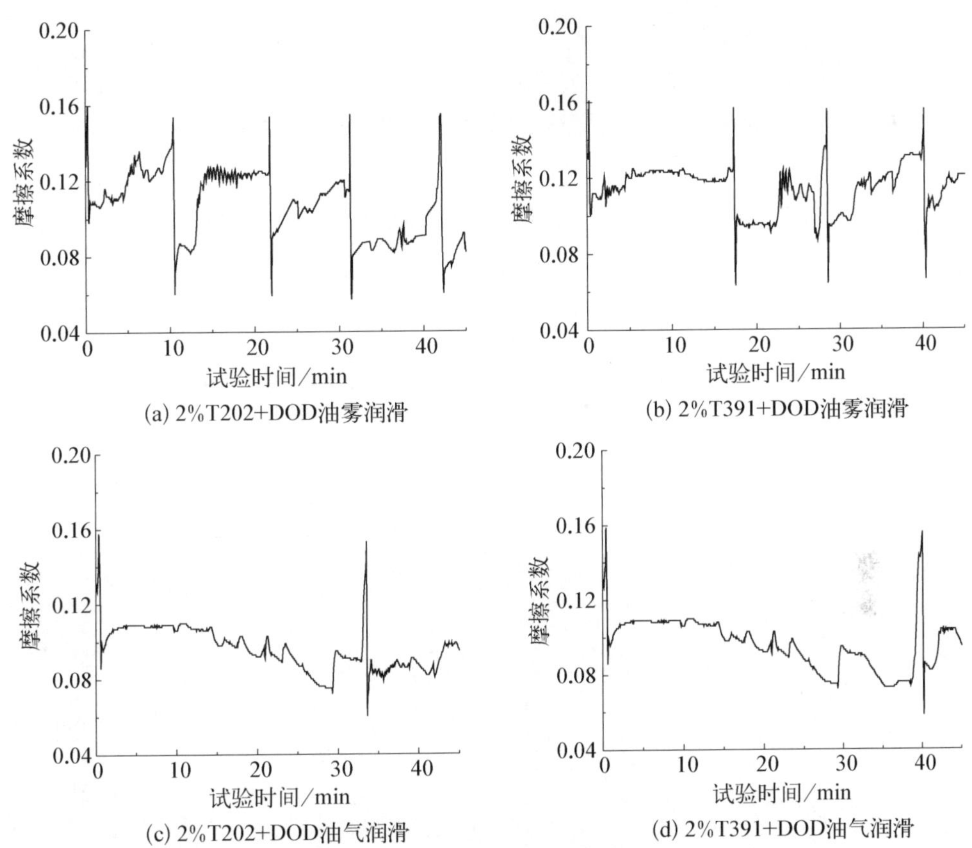

图 5.1　不同润滑工况的摩擦系数曲线

表 5.1　实验过程的润滑次数和总耗油量

润滑剂	2% T202+DOD 油雾润滑	2% T391+DOD 油雾润滑	2% T202+DOD 油气润滑	2% T391+DOD 油气润滑
润滑次数	5	4	2	2
总耗油量/ml	0.035	0.028	0.014	0.014

由图 5.1 和表 5.1 知，油气润滑的喷油气次数和用油量均比油雾润滑少：2% T202+DOD 油气润滑 45 min 共喷油气 2 次、用油量 0.014 ml，而其油雾润滑 45 min 却喷油雾 5 次、用油量 0.035 ml；2% T391+DOD 油气润滑 45 min 共喷油气 2 次、用油量0.014 ml，而其油雾润滑 45 min 却喷油雾 4 次、用油量 0.028 ml。对比图 5.1(a)、(b)、(c)、(d)：喷油气的时间间隔均超过了 30 min，而喷油雾的时间间隔却均少于 20 min。

可见，含极压抗磨剂的油气润滑的抗磨效果明显优于相应油雾润滑的抗磨效果。

2. 磨损性能

4 种润滑工况的上试样磨痕宽度见表 5.2 和图 5.2。油气润滑比油雾润滑的磨痕宽度明显减小：2% T202＋DOD 油气润滑 45 min 的上试样磨痕宽度仅为 491 μm，而其油雾润滑 45 min 的上试样磨痕宽度却为 612 μm；2% T391＋DOD 油气润滑45 min 的磨痕宽度仅为 384 μm，而其油雾润滑 45 min 的磨痕宽度却为512 μm。

表 5.2 微量润滑 45 min 的上试样磨痕宽度

润滑剂	2% T202＋DOD 油雾润滑	2% T391＋DOD 油雾润滑	2% T202＋DOD 油气润滑	2% T391＋DOD 油气润滑
磨痕宽度/μm	612	512	491	384

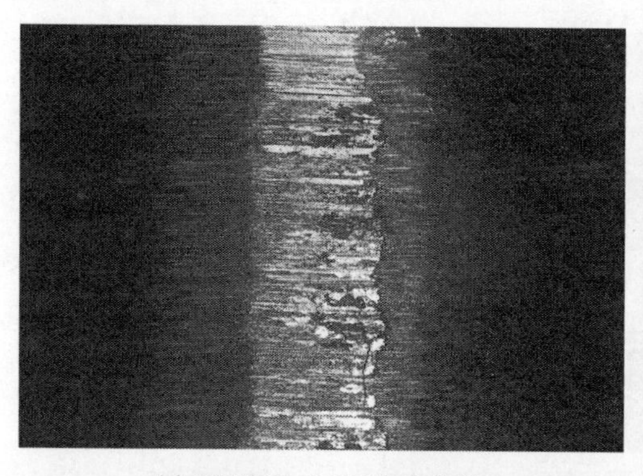

(a) 2%T202+DOD油雾润滑

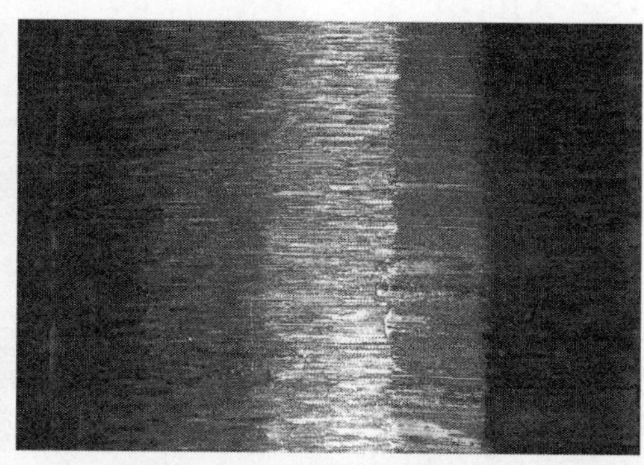

(b) 2%T391+DOD油雾润滑

(c) 2%T202+DOD油气润滑

(d) 2%T391+DOD油气润滑

图 5.2 微量润滑 45 min 的上试样磨痕宽度和磨损形貌(×100)

3. 表面质量

上试样平行于轴线的磨损表面中线的粗糙度值（*Ra* 和 *Rz*）显示在图 5.3 和表 5.3。由图 5.2、图 5.3 和表 5.3 知：油气润滑的表面粗糙度值 *Ra* 和 *Rz* 均比相应的油雾润滑小，即油气润滑的表面质量优于相应的油雾润滑。如 2% T202+DOD 油雾润滑的 *Ra* 和 *Rz* 分别为 0.263 和 1.899，而其对应的油气润滑的 *Ra* 和 *Rz* 分别为 0.235 和 1.890；2% T391+DOD 油雾润滑的 *Ra* 和 *Rz* 分别为 0.235 和1.890，而其对应的油气润滑的 *Ra* 和 *Rz* 分别为 0.180 和 1.457。

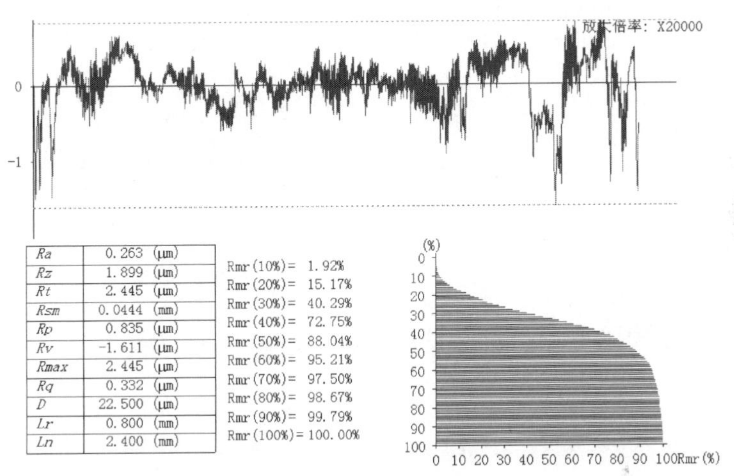

(a) 2%T202+DOD油雾润滑

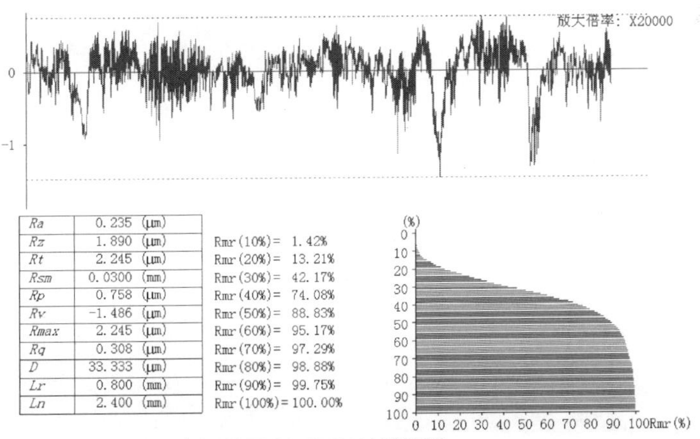

(b) 2%T391+DOD油雾润滑

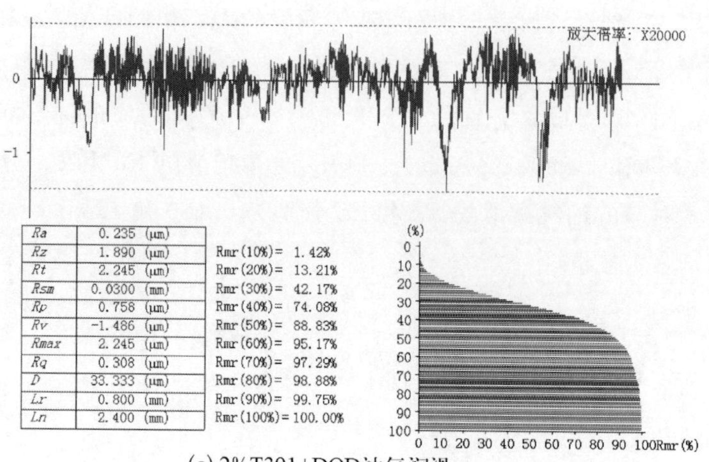

(c) 2%T391+DOD油气润滑

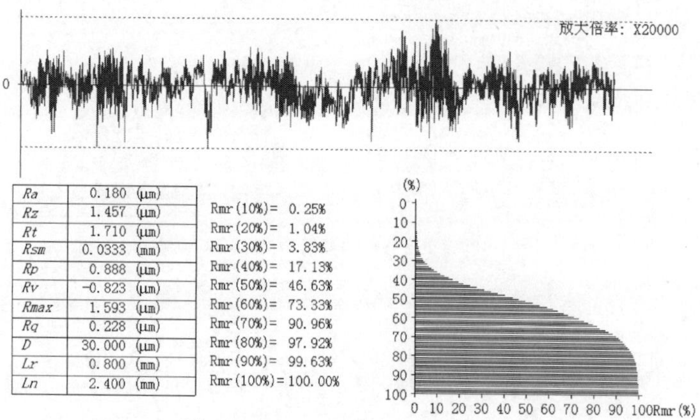

(d) 2%T391+DOD油气润滑

图 5.3 微量润滑 45 min 的上试样磨损表面中线的粗糙度

表 5.3 微量润滑 45 min 的上试样磨损表面的粗糙度值

粗糙度	2% T202+DOD 油雾润滑	2% T391+DOD 油雾润滑	2% T202+DOD 油气润滑	2% T391+DOD 油气润滑
Ra	0.263	0.235	0.235	0.180
Rz	1.899	1.890	1.890	1.457

4. 摩擦温度

随着摩擦时间的延长，摩擦区域温度逐渐升高。4 种微量润滑工况的摩擦区域温度均在 45 min 试验结束时最高。油雾润滑试验前后的温度差均不超过 36℃，而油气润滑比油雾润滑的温度差更低，尽管油气润滑比油雾润滑的喷油次数少。如 2% T391＋DOD 油气润滑 45 min 的上试样摩擦区域温升比其油雾润滑 45 min 的温升低 13℃，2% T202＋DOD 油气润滑 45 min 的上试样摩擦区域温升比其油雾润滑 45 min 的温升低 5℃。这是由于油气润滑的压缩空气压力大，能更好地散热，而油雾润滑的压缩空气压力小，不利于冷却；其次，油雾润滑的过量润滑油会产生多余热量，不利于冷却。可见，油气润滑的散热、降温效果比油雾润滑更为突出。

通过对 T202 和 T391 进行 2%添加量的油气润滑与油雾润滑摩擦磨损效果对比，得出如下结论：在试验条件下，含抗磨剂的油气润滑的抗磨效果明显优于相应油雾润滑的抗磨效果：用油量少、磨损量少、表面质量好且温升低。

5.3　极压抗磨剂最佳抗磨量的油气润滑与基础油对比

前面几章对 DOD-L-85734 航空油进行了 2%极压抗磨添加剂 T307、T391、T202 和 T321 的油雾和油气润滑试验知：添加 2% T202 的抗磨效果比基础油 DOD-L-85734 好，却比含 2% T391 的抗磨效果差，而 T202 和 T391 的最佳抗磨含量均为 2%，故这里就不再对 T202 和 T391 的最佳抗磨效果进行对比，而把 T321、T307 和 T391 三种添加剂的最佳抗磨百分含量与基础油进行抗磨效果对比。

T321 和 T307 的最佳抗磨含量均为 1%，T391 的最佳抗磨量为 2%。摩擦试验开始前，在上、下试样待摩擦区域涂一层 DOD-L-85734 基础油，再用柔软的纸擦干。滑动摩擦过程中，摩擦系数急剧升高，就在试样接触区的入口中心处喷一次油气。每次喷油气时间是 10 s、每次喷油量是 0.005 ml。油气润滑装置所用气压是 0.4 MPa。

5.3.1　润滑性能

图 5.4 是 3 种润滑工况摩擦系数曲线图，其中(a)和(b)是 1% T307＋DOD 和

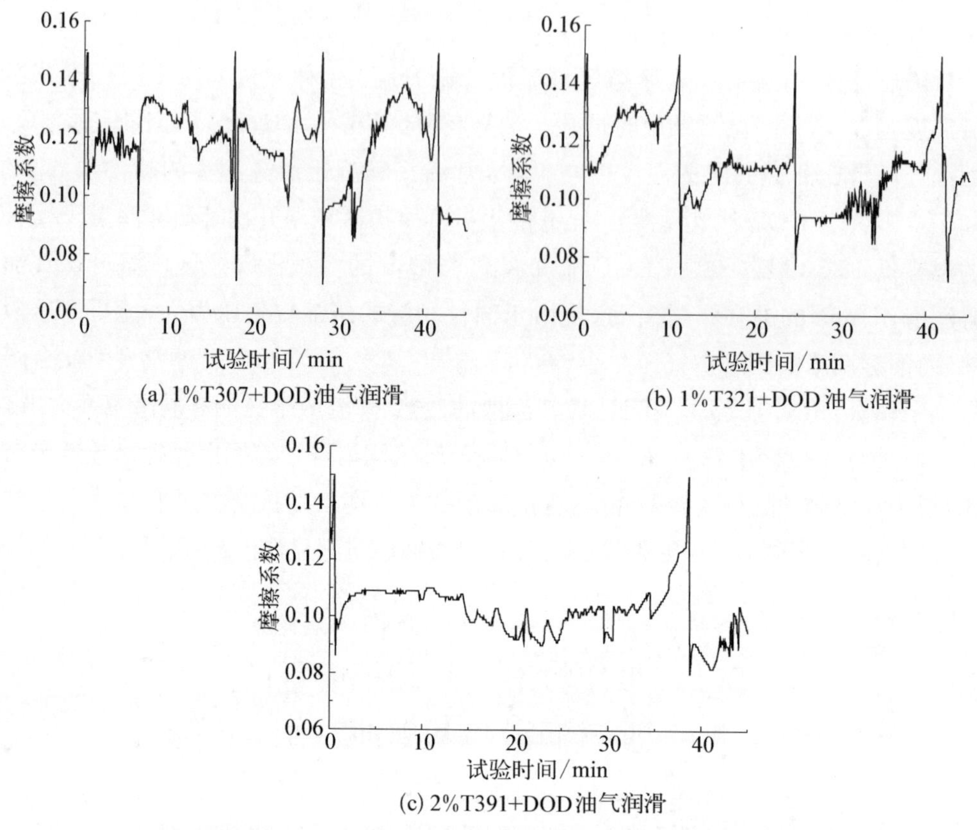

(a) 1%T307+DOD油气润滑

(b) 1%T321+DOD 油气润滑

(c) 2%T391+DOD油气润滑

图 5.4　最佳抗磨量油气润滑 45 min 的摩擦系数

1% T321＋DOD 油气润滑 45 min，(c)是 2% T391＋DOD 油气润滑 45 min。从(a)～(c)曲线上看出：试验刚开始，由于无润滑油的润滑，摩擦系数急剧上升，在试验开始后的第 2 秒喷一次油气后，由于摩擦表面润滑油的润滑，摩擦系数迅速下降。运转一段时间后，摩擦表面的润滑油被甩干，进而摩擦表面的润滑薄膜被磨损破坏，最终导致上、下试样的基体材料发生直接的接触磨损，故摩擦系数再次急剧升高，再喷一次油气后，摩擦系数又迅速下降。如此反复进行，直到 45 min 试验结束，图中较长的竖直线是喷油气引起的。几种润滑工况 45 min 的喷油气情况见表 5.4。1% T307＋DOD 和 1% T321＋DOD 喷油气均为 4 次、消耗油量均为 0.02 ml，二者喷油气的间隔时间不超过 20 min，而 2% T391＋DOD 仅喷油气 2 次、消耗油量仅 0.01 ml，其喷油气的间隔时间接近 40 min，说明 2% T391 在摩擦表面形成的润滑膜抗磨性优于 1% T307 和 1% T321 润滑膜抗磨性。DOD 基础油喷油气次数最多、用油量最多。

表 5.4　最佳抗磨量油气润滑 45 min 的喷油气次数和总耗油量

润滑剂	1% T307+DOD	1% T321+DOD	2% T391+DOD	DOD
喷油气次数	4	4	2	5
总耗油量/ml	0.02	0.02	0.01	0.025

5.3.2　磨损性能

3种添加剂的最佳抗磨量油气润滑 45 min 的上试样磨痕宽度见图 5.5，下试样磨痕形貌见图 5.6。由图 5.5 看出：与基础油相比，2% T391＋DOD、1% T307＋DOD 和 1% T321＋DOD 的上试样磨痕宽度均比基础油 DOD 的磨痕宽度小，磨痕宽度较小的是 2% T391＋DOD 和 1% T307＋DOD。由于 1% T307＋DOD 的喷油气次数和用油量均比 2% T391＋DOD 的喷油气次数和用油量多，故

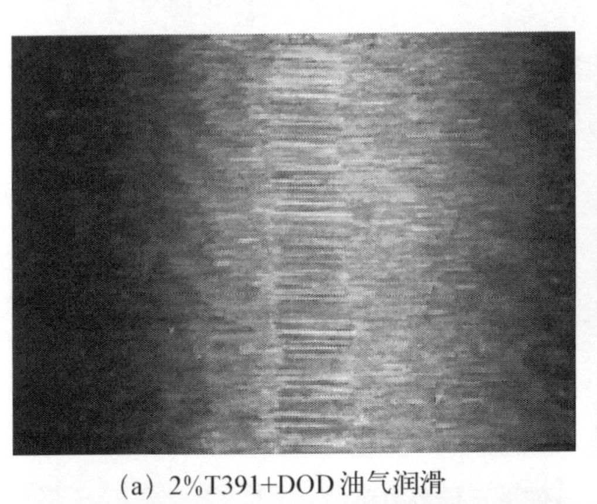

(a) 2%T391+DOD 油气润滑

(b) 1%T307+DOD 油气润滑

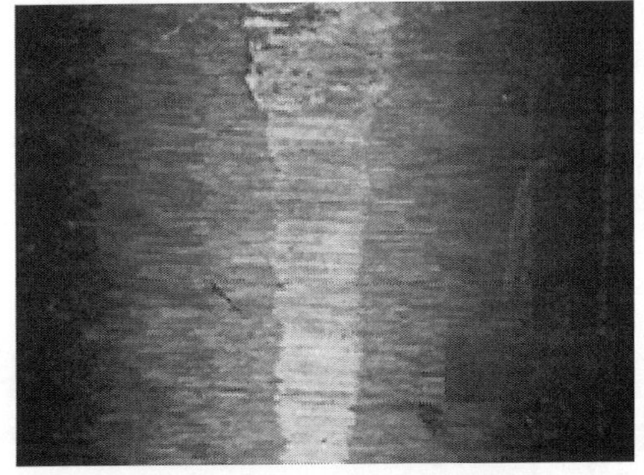

(c) 1%T321+DOD油气润滑

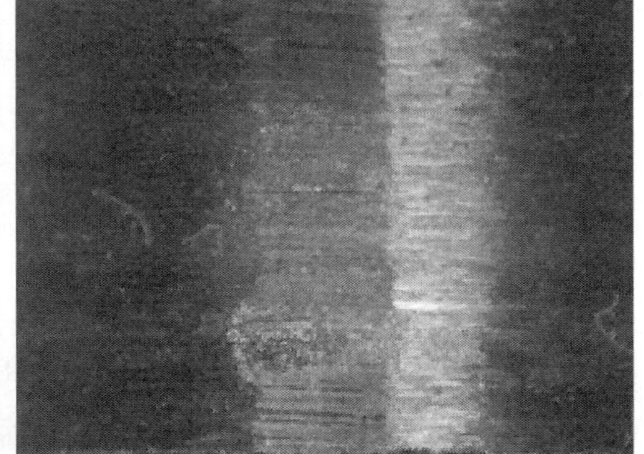

(d) DOD油气润滑

图 5.5　油气润滑 45 min 的上试样磨痕宽度(×100)

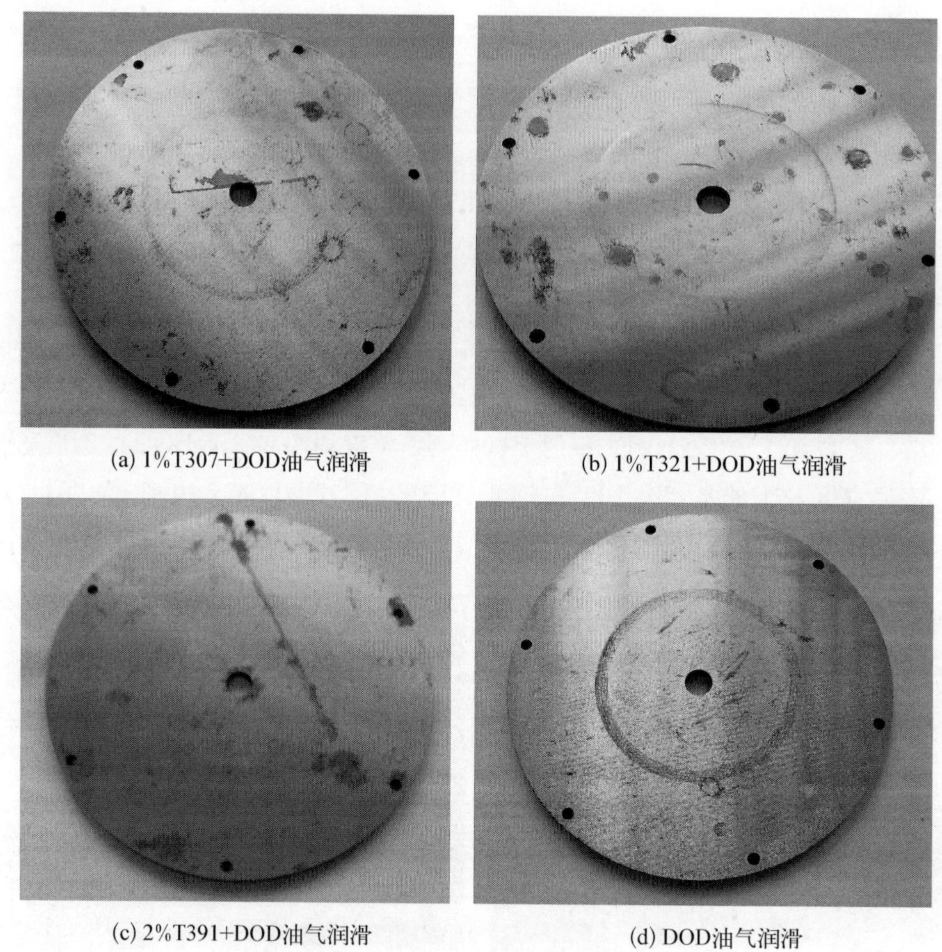

(a) 1%T307+DOD油气润滑　(b) 1%T321+DOD油气润滑

(c) 2%T391+DOD油气润滑　(d) DOD油气润滑

图 5.6　油气润滑 45 min 的下试样磨痕形貌

2% T391 的抗磨效果优于 1% T307。3 种添加剂最佳抗磨量油气润滑 45 min 的下试样磨痕深度均比 DOD 基础油的下试样磨痕深度浅，说明这 3 种最佳抗磨含量的抗磨效果优于 DOD 基础油的抗磨效果。

5.3.3　磨损表面的 XRD 图谱

对 1% T307＋DOD、1% T321＋DOD、2% T391＋DOD 和 2% T202＋DOD 的上试样磨损表面进行 XRD 图谱分析，发现 4 个样品衍射峰的位置是一样的，只是峰的强度有所差别，图 5.7 是 2% T391＋DOD 磨损表面的 XRD 图谱。4 个样品中，除了 2% T202＋DOD 的磨损表面含 Zn，另外几个都差不多。1% T307＋

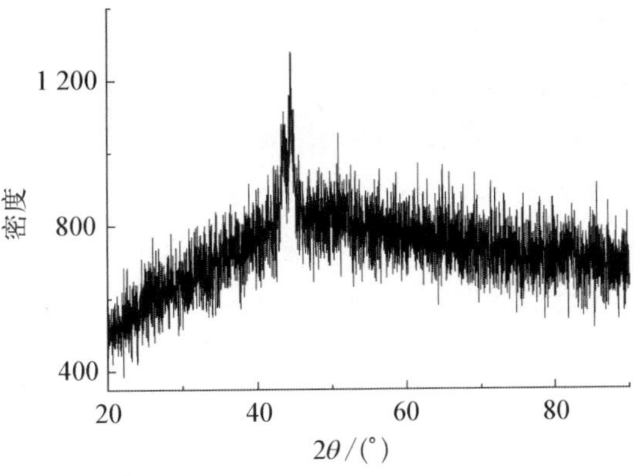

图 5.7　2% T391+DOD 磨损表面的 XRD 图谱

DOD 的磨损表面含元素最多。

1) 1% T307+DOD

43°～44°峰除可能有 Fe、Cr、Ni 和 C 之间的结合物，还可能有氮化物 CrN，Cr_5N_6、Fe_3N 和 S 的金属化合物 CrS、FeS 和 $Fe_{0.5}Ni_{0.5}S$；

44°峰除可能 Fe、Cr、Ni 及其之间的结合物，还可能有 Fe_3C、Cr_2S_3、FeO 和 $Fe_{0.98}O$。

从 1% T307+DOD 的 XRD 图谱可能含的元素知：起极压抗磨作用的是金属硫化物和铁的氧化物，形成的丰富的氮化物除起抗磨作用，还起抑制磨损表面腐蚀的作用，使磨损表面光滑平整。含 P 元素的物质未检测到的原因可能是 1% T307 的 P 元素含量低且大量氮化物的出现抑制了 P 元素的过度腐蚀，导致表面的 P 元素少。

2) 1% T321+DOD

43°～44°峰除可能有 Fe、Cr、Ni 和 C 之间的结合物，还可能有硫的金属化合物 CrS、FeS、$Fe_{0.5}Ni_{0.5}S$；

44°峰除可能有 Fe、Cr 和 Ni 及其之间的结合物，还可能有 Fe_3C、Cr_2S_3、FeO 和 $Fe_{0.98}O$。

1% T321+DOD 起减摩抗磨作用的可能是硫化物和铁的氧化物。

3) 2% T391+DOD

2% T391+DOD 磨损表面的 XRD 图谱见图 5.7，磨损表面出现的有 C、Fe_5C_2、$Fe_2O(PO_4)$、Fe_3O_4、Cr_2N、Fe_3N 和 FeN。由此可推断，2% T391+DOD 起抗磨作用的是铁的磷化物、铁的氧化物和丰富的氮化物。

4）2% T202+DOD

43°～44°峰除可能有 Fe、Cr、Ni 和 C 之间的结合物，还可能有 S 的金属化合物，44°峰除可能有 Fe、Cr、Ni 及其之间的结合物，还可能有 S 的金属化合物、Fe 的氧化物和含 Zn 化合物 $Fe_{6.8}Zn_{3.2}$、NiZn、$NiZn_3$ 和 $NiZn_{11}$。

从磨损表面的 XRD 图谱分析看出：4 种添加剂的抗磨机理和前述内容的抗磨机理分析是一致的。

5.3.4　最佳抗磨含量抗磨剂的抗磨机理

对 4 种最佳抗磨含量的油气润滑效果对比知：对 DOD-L-85734 航空油，4 种最佳的抗磨含量 2% T202、2% T391、1% T307 和 1% T321 的油气润滑抗磨效果均比 DOD 基础油的油气润滑抗磨效果好；4 种最佳抗磨含量的添加剂中，抗磨效果最好的是 2% T391：用油量少、磨损量少且表面质量好。

T321 含 S 元素，T307 含 S、P 和 N 元素，T202 含 S 和 P 元素，T391 含 P 和 N 元素。含 T321、T307 和 T202 的喷油次数多，说明这三者的抗磨性稍差，三者均含 S 元素，说明含 S 元素的抗磨性稍差。T391 喷油次数少，说明 T391 的抗磨性好。T307 和 T391 的磨损表面质量好，而 T307 和 T391 均含 N 元素，说明 N 元素能抑制 P 元素的过度腐蚀，因而磨损表面质量好。

5.4　含极压抗磨剂的油气润滑用于直升机传动系统干运转的可行性

尽管销盘摩擦磨损试验和直升机减速器啮合齿轮的传动有区别：① 啮合齿轮的相对滑动速度是一个范围，从节点到齿根，相对滑动速度由零变到最大值，而销盘摩擦试验的相对滑动速度却是一个固定值；② 销盘试验的上试样容热体积小且做连续的相对滑动，而直升机减速器啮合齿轮体积大且旋转一周，每个齿的啮合点才相对滑动一次。但只要在相同工况下，油气润滑的抗磨效果优于相应油雾润滑抗磨效果即可，这是因为油雾润滑技术已被美国成功应用到直升机减速器作为干运转的应急方案。

美国 2007 年的发明专利是用下述油雾润滑装置解决直升机传动系统干运转难题的：在正常工作情况下，辅助油箱保存一定量的润滑油，当压力探测器探测到失油状态后，将包含高浓度磷酸酯的添加剂注入辅助油箱（图 5.8）。该系统采用油雾润滑装置，运用流动的压缩空气将含磷酸酯添加剂的润滑油变成油雾，送到齿轮、轴承表面（图 5.9），从而在齿轮、轴承表面上生成一层抗磨损的保护膜。该专利称：此装置在直升机小平飞速度状态下，能使传动系统各部件均达到 60 min 的干运转能力要求。

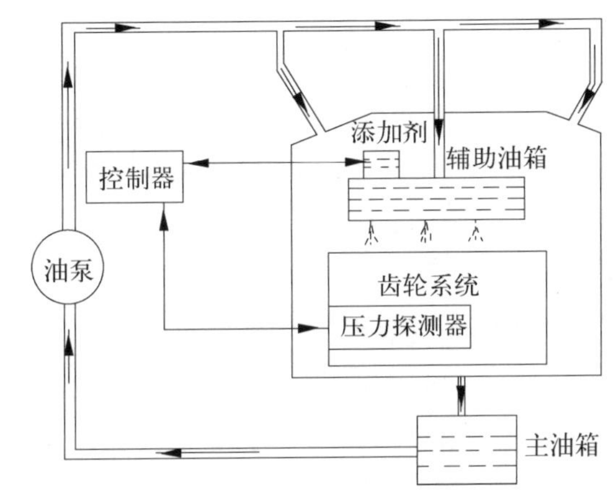

图 5.8　油雾润滑的辅助润滑系统

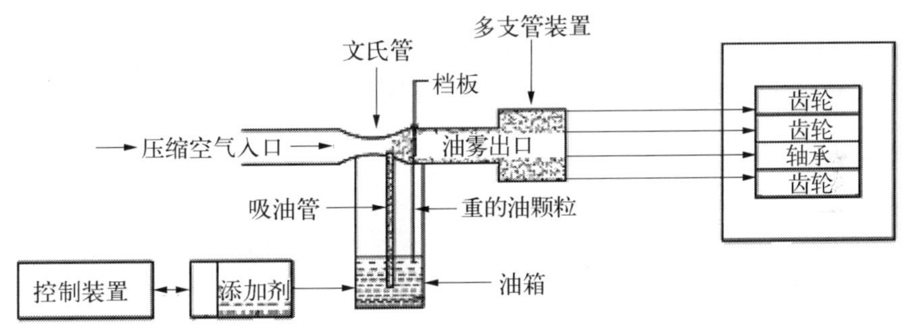

图 5.9　美国 2007 年发明专利原理

由图 3.1 文氏管喷嘴雾化原理和图 4.1 油气润滑原理知：油雾润滑和油气润滑的工作原理相似，都是利用压缩空气做动力，不同点在于油雾润滑的润滑油和压缩空气混合，而油气润滑的润滑油是沿管壁向前移动的，其润滑油和压缩空气是分离的。油雾润滑和油气润滑工作原理的略微不同只是导致了油气润滑的气体压力稍高。图 3.4 和图 4.2 分别是试验用的油雾润滑装置和油气润滑装置，二者有相同的气源、相同的液压泵和相同的 PLC 控制装置，不同点仅在一些细微结构，如油气润滑装置的管道细，而油雾润滑装置的管道粗等。可见，含抗磨剂的油气润滑取代油雾润滑用于直升机减速器润滑系统的应急措施是完全能够实现的。

5.5 结　论

通过对 2% T202+DOD 和 2% T391+DOD 进行油气润滑与油雾润滑的摩擦磨损效果对比试验，得出如下结论：试验条件下，含抗磨剂的油气润滑抗磨效果明显优于相应油雾润滑抗磨效果：用油量少、磨损量少、表面质量好且温升低。尽管未进行 1% T307+DOD 和 1% T321+DOD 油气润滑与油雾润滑抗磨损效果对比试验，但同样可确定 1% T307+DOD 和 1% T321+DOD 的油气润滑抗磨效果优于油雾润滑抗磨效果。

4 种添加剂最佳抗磨量的油气润滑抗磨效果均比基础油的抗磨效果好，说明 DOD-L-85734 航空油对多种极压抗磨剂均具有好的适应性。

美国用油雾润滑解决直升机干运转难题，油气润滑无论从原理上还是装置上，与油雾润滑均只有细微区别，油气润滑取代油雾润滑用于直升机减速器润滑系统应急措施是完全能实现的。

第6章 直升机减速器润滑系统应急方案设计

6.1 直升机减速器润滑系统应急方案

解决直升机传动系统干运转问题需要解决下列关键技术：一是控制摩擦温度，二是使摩擦副具有润滑功能——避免干摩擦，三是尽量不增加直升机的质量。

干摩擦试验、油雾润滑和油气润滑的试验均显示：如摩擦副基体材料发生直接的接触摩擦磨损，则摩擦系数和摩擦温度均迅速上升，磨损量也迅速增加。如上试样 ϕ10 mm×4 mm 小圆柱、下试样 ϕ98 mm×4 mm 圆盘的 12Cr2Ni4A 钢摩擦副，在 2.62 m/s 的相对滑动速度下，干摩擦仅 12 s 的上试样摩擦区域温升就超过 40℃。贝尔公司对其研制的 AH－1S 直升机主减速器进行干运转试验：输入轴转速 6 600 r/min、950HP(84%最大连续功率)、旋翼轴拉力3 266 kg 条件下，当润滑油进油温度稳定在 110℃时，主减速器进入干运转状态。干运转仅进行 7 min，则输入锥齿轮失去间隙、主动轮轮齿剥落、从动轮和相啮合的附件传动齿轮齿面胶合破坏。故障发生时，齿根温度超过 482℃、三排球轴承的外环最高温度约 260℃。

可见：一旦直升机减速器发生干运转，会在极短的时间内造成灾难性的后果。因此，为防止直升机减速器齿轮、轴承发生干运转，一定要有应急措施进行预防。

提高直升机干运转能力的措施如下。

1. 选用耐高温的轴承齿轮材料

航空齿轮传动的主要特征是高速、重载和轻质量等。与传统的齿轮设计相比，减小体积、降低重量、延长寿命和提高可靠度是航空齿轮传动设计的关键目标。

航空高性能齿轮钢的发展已经历三代：

第一代齿轮钢是以 AISI9310 钢为代表的低合金表层硬化钢，低温回火后常温使用，具有常规要求的使用性能，占现有齿轮钢种的大部分。我国现用航空齿轮钢如 12CrNi3A、12Cr2Ni4A、16CrNi3MoA、16Cr3NiWMoVNbA 等都属于第一代齿轮钢。EX－53 钢具有优良的芯部力学性能，在 400℃以下具有基本不变的芯部硬度，但其表层硬度随温度升高而迅速降低，其使用温度只能维持在 250℃以下。一些钢种在成分中增加碳化物形成因素，借助于轻微的二次硬化反应，提高其抗回火软化能力，因而提高了回火温度和工作温度，如 16Cr3NiWMoVNbA 钢可在 250～350℃回火获得 HRC59－61 以上硬度，工作温度可高于其他钢种。

第二代齿轮钢区别于第一代的主要特征是耐温性能高，其代表钢种为 M50NiL。M50NiL 是在 M50 钢基础上发展起来的优良钢种。它们采用二次硬化机理设计成分，500℃以上高温回火，可在 350℃以下稳定使用。第二代钢的发展使表面接触疲劳寿命比第一代钢提高 20 倍之多。Pyrowear 是表层硬化型不锈齿轮钢，采用 VIM＋VAR 熔炼，可获得芯部高强度和表层高硬度，直到 315℃仍可保持硬度 58HRC，由于该钢中低含碳量，其冲击韧性达 175J（M50NiL 为 122J）、断裂韧度为 165 MPa $\sqrt{m}$、抗腐蚀性能与 440C 不锈钢相当、接触疲劳寿命为 440C 钢的 3 倍和 M50NiL 钢的 2.5 倍。

第三代齿轮钢的设计目标为：

(1) 表层超高硬度（承受超高载荷、超高速度）、超高接触疲劳强度；

(2) 芯部超高强度、高韧性、高抗疲劳；

(3) 耐高温；

(4) 耐腐蚀；

(5) 损伤容限设计齿轮；

(6) 减重。

Gearmet C69 合金，采用二次硬化机理设计成分，表层硬度可达 69HRC、芯部硬度在 50HRC 以上，具有很高的抗磨损和疲劳性能。应用于直升机传动机构的齿轮可减重 50％。

CSS－42L 钢是表层硬化型不锈齿轮钢，该钢采用二次硬化机理设计成分，添加多种强碳化物形成元素，提高了吸碳能力，有利于获得表层超高硬度。添加高量钴细化 M_2X 相，低碳马氏体基体上沉淀细小弥散的 M_2X 相使芯部具有超高强度和高韧性。CSS－42L 钢是第三代齿轮钢的典型代表，其室温硬度达 68HRC、430℃下为 62HRC、直到 535℃仍可保持在 58HRC，表层硬度显著高于 M50NiL 及其他第二代齿轮钢。

我国的航空齿轮钢多属第一代钢。使用耐高温的轴承、齿轮材料是提高直升机传动系统生存力的重要途径。为适应直升机、发动机等发展需求，急待研究、发展新一代齿轮钢。

2. 增加齿轮齿侧间隙

对于齿轮和轴承，热膨胀会造成齿侧间隙以及轴承游隙减小，引发齿面和轴承表面热胶合失效[95]。

贝尔公司研制的 AH－1S 主减速器由输入锥齿轮传动和两极行星传动组成。其主减速器在输入轴转速 6 600 r/min、950 HP(84％最大连续功率)、旋翼轴拉力 3 266 kg 条件下，当滑油进油温度稳定在 110℃时，使主减速器进入干运转状态。当输入锥齿轮的齿侧间隙为 0. 178 mm 时，干运转 7 min，输入锥齿轮就失去间隙，主动轮轮齿剥落、从动轮和相啮合的附件传动齿轮齿面胶合破坏。当输入锥齿轮的齿侧间隙增大到 0. 305 mm 时，重复上述干运转试验，结果干运转进行 21 min 时，输入锥齿轮只出现轻微擦伤。

可见，增加齿轮齿侧间隙能提高直升机减速器的干运转能力。

3. 改进减速器的内部结构

提高中、尾减速器干运转能力，可进行下列结构改进：

(1) 中、尾减速器机匣内设计流油通道和油兜。齿轮转动时，将润滑油甩到机匣上方的油兜，然后顺着机匣内部油路流至轴承。这样，油道及油兜内残余的润滑油可对传动元件起润滑作用，从而延长传动系统的运行时间。

(2) 在中间减速器机匣的轴承安装部位的周围设计油兜。失去润滑油时，油兜存有的少量润滑油通过专门设计的油孔流入轴承进行润滑。

(3) 在失去润滑油的状态下，尾减速器输出机匣上方的油兜内存有的少量润滑油，能顺着输出机匣内部油路流至轴承进行润滑。

(4) 轴承保持架镀银处理，以减小摩擦。

(5) 机匣选用热强度高、膨胀系数小的合金。由于足够的热承载能力和刚度，能防止传动部件过大的热变形、偏载和卡死现象。

(6) 选择蒸发度较小的润滑油。直升机减速器润滑系统破坏后，黏附在传动元件表面的蒸发度较小的润滑油能够对传动部件进行一定程度的贫油润滑，延缓传动元件进入干运转的时间。

4. 含抗磨剂的油气润滑和油雾润滑

油雾润滑和油气润滑都属于气液两相流体的冷却润滑技术，都是微量润滑，耗油量少，能减轻直升机的质量。由于压缩空气能很好地散热，故润滑效果好。虽然油雾润滑具有良好的润滑效果，但与油气润滑相比，还有许多缺点。我们做过的试验研究表明：油气润滑耗油量更低、磨损量更少、温升更低。由于油气润滑的气流速远远高于油雾润滑的气流速，故油气润滑的散热效果比油雾润滑更为明显、摩擦区域的温升更低。例如，本书进行的销盘摩擦试验中，上试样 ϕ10 mm×4 mm 的小圆柱、下试样 ϕ98 mm×4 mm 的圆盘、12Cr2Ni4A 航空钢摩擦副、上下试样线接触、赫兹接触应力 424.4 MPa、相对滑动速度 2.62 m/s 的摩擦情况下，含极压抗磨剂的油雾润滑和油气润滑 45 min 的试验结果是：尽管油气润滑的喷油次数不超过油雾润滑喷油次数的 1/2，但油气润滑上试样摩擦区域的温升仍比油雾润滑上试样摩擦区域的温升低。这是由于油气润滑压缩空气的压力比油雾润滑压缩空气的压力大。又如，本书进行的销盘摩擦磨损试验中，油气润滑压缩空气的压力是 0.4 MPa，而油雾润滑压缩空气的压力是 0.1 MPa。油雾润滑的过量润滑油也会产生过多摩擦热。

含极压抗磨剂的油气润滑和油雾润滑，都是利用摩擦高温作用下的摩擦化学反应，在摩擦表面生成具有润滑作用的反应膜[96-99]，从而把摩擦副的基体材料隔开。润滑反应膜在摩擦表面起到固体润滑剂的作用[100-103]，从而可减小摩擦系数、减轻磨损。

5. 增加一套应急的液压润滑系统

图 1.3 方案在法国某海上反潜直升机的主减速器上采用，我国也有引进这种方案的报道出现。图中主油泵和辅助泵共用一个油箱，在正常工作状态下，主油泵提供的润滑油，经外部管路进入散热器冷却，再经油滤进入主减速器内部。当外部管路或散热器被损坏后，辅助泵单独供油。辅助泵提供的润滑油，不经冷却，直接进入油滤。

此方案的应急润滑系统的润滑油不经冷却，故在摩擦润滑过程中，油温迅速上升，而润滑油的润滑性能随油温升高而迅速减弱。故该方案只是具备了应急的润滑功能，却很难达到我国军标规定的干运转 30～60 min 的要求。如该方案的轴承和齿轮采用耐高温材料、增加齿轮齿侧间隙、改进减速器内部结构，将能延长干运转的时间。

6. 固体润滑代替液体润滑

液体润滑出现泄漏等故障的概率大，对直升机的安全飞行造成极大威胁。据统计，在飞机飞行事故中，由润滑系统引起的事故占 35%。我们做过的试验获知：直升机传动系统干运转需要解决下面关键技术：控制摩擦温度；使摩擦副具有润滑功能；不增加或少增加直升机的质量。用固体润滑[104-108]代替液体润滑，省去了提供润滑油的泵站及油路系统，既节省投资、降低维修费用、避免润滑油的泄漏及污染，又能减轻直升机的质量。

直升机减速器的液压润滑系统有 2 个作用：① 润滑作用。对齿轮、轴承起润滑作用。② 冷却作用。油液在循环流动过程中，带着齿轮、轴承产生的摩擦热，经散热器冷却，再循环润滑、冷却运转的齿轮和轴承。但油的冷却效果并不好。用涂层、镀膜等方法将固体润滑剂粘接在摩擦表面，或采用表面处理[109-112]手段在摩擦表面形成固体润滑膜，则起到固体润滑剂的作用。涂层具有润滑作用，表面涂层技术是材料表面的改性技术，通过气相沉积或其他方法，在摩擦副基体材料上涂覆一薄层耐磨性高的难熔金属（或非金属）化合物，既提高耐磨性又不降低其韧性，这样，材料发展中经常要产生的一对矛盾（材料硬度及耐磨性提高会导致强度及韧性的降低）很好地得到解决。

涂层在干摩擦过程中的主要功能表现在：① 分隔摩擦副材料，② 降低接触区的摩擦系数，③ 为摩擦副隔热。当然，表面涂层的摩擦副整体性能的优劣与基体材料及涂层本身的性能密切相关。MoS_2是一种具有润滑作用的软涂层，涂层表面光滑，摩擦系数小（与钢的摩擦系数为 0.04～0.09），可代替润滑液减少表面之间的摩擦。涂层最本质的问题是膜与基体的附着强度，附着强度在很大程度上取决于基体材料的性质。

在金属切削加工中，干切削技术[113,114]已是很成熟的技术，采用干切削技术是为了避免切削液对环境的污染和降低切削液的处理成本。直升机减速器用固体润滑代替液体润滑是由于液体润滑易出现故障，也就是说，固体润滑能降低直升机传动系统的事故发生率，同时也能减轻直升机的质量。因直升机减速器的散热器质量不可忽视。

7. 冷风冷却代替液体冷却

直升机减速器一旦失去润滑，就会在很短的时间内进入干运转状态，由于温升热膨胀,齿轮、轴承很快失去间隙而导致胶合。流体性质决定了液体润滑不可避免地存在泄漏,不仅造成环境污染,而且油的冷却效果并不好,油液的黏度也会在流动过程中因摩擦而引起油温的升高。气体的低温冷却系统,则符合环境保护的要求,且气体比液体更易进入摩擦区域。

我们进行的油雾润滑和油气润滑试验发现:由于上试样的容热体积小,环境温度对其磨损量影响很大,如冬季试验的磨损量比夏季试验的磨损量小得多,这说明冷风冷却对减磨起重要作用。气体介质可以是空气、氮气等,若采用空气介质,则成本为无,这样的冷却系统运行成本较低,而且低温气体也增加了冷却效果,热量被冷却空气带走。气体射流冷却是一种比较好的冷却方式:强冷风吹向摩擦区域,带走摩擦产生的热量,从而取代传统润滑液的冷却作用。润滑液兼有冷却、润滑作用,而冷风冷却仅有冷却作用,故除提供冷风,还需提供微量润滑油。

综上所述,可提高直升机传动系统干运转能力的措施有:

(1) 选用热强度高的材料;

(2) 增加齿轮齿侧间隙;

(3) 改进减速器内部结构;

(4) 采用含极压抗磨剂的油气润滑和油雾润滑;

(5) 增加一套应急的液压润滑系统;

(6) 固体润滑代替液体润滑;

(7) 冷风冷却代替液体冷却。

以上每种方法均有局限性,单纯依靠一种方法会有很高的技术难度和成本。如在选用耐高温材料基础上,选用合适的 2 种或 2 种以上技术,利用协同效应,效果会更好、成本也不高。如在液压润滑基础上出现的干运转,可用:① 含极压抗磨剂的油雾润滑或油气润滑,② 增加一套液压应急润滑系统与增加齿轮齿侧间隙、改进减速器内部结构配合。如在取消液压润滑的情况下,可采用:① 含极压抗磨剂的油雾润滑或油气润滑与冷风冷却配合,② 固体润滑与增加齿轮齿侧间隙、冷风冷却配合。

6.2 结束语

由于时间有限,许多研究还未进行,下一步的研究工作有:

1. 对直升机减速器啮合齿轮进行含抗磨剂的油雾和油气润滑试验

销盘摩擦磨损试验代替齿轮传动，降低了试验成本，但销盘摩擦磨损试验和齿轮传动还有一些区别。例如，① 销盘试验的上试样容热体积小，且做连续滑动，而直升机减速器啮合齿轮体积大、旋转一周每个齿的啮合点才相对滑动一次；② 销盘试验的上试样相对滑动速度是固定值，而啮合齿轮从节点到齿根的滑动速度是由小逐渐增大的；③ 齿轮和滚动轴承的工作状态是既有滚动又有滑动，既有挤压运动又有相对滑动，尽管对摩擦副的摩擦磨损起主要作用的是相对滑动，但其他的因素对摩擦磨损也有影响。

故进一步研究，需对直升机减速器啮合齿轮进行含抗磨剂的油雾润滑和油气润滑试验。

2. 直升机减速器啮合齿轮的抗磨剂需要适应一定的速度范围

本书试验的上试样相对滑动速度是固定值，而啮合齿轮的相对滑动速度从节点到齿根是逐渐增大的，即啮合齿轮的滑动速度是一个范围。故选用的直升机减速器啮合齿轮的抗磨剂需要适应一定的速度范围。

3. 取消直升机减速器的液体润滑是一条可探索方向

液体润滑易出现泄漏等故障，而固体润滑取代液体润滑，是为了降低直升机传动系统的事故发生率，也能减轻直升机的质量。这个思路来源于干式切削加工，在金属切削加工中，干式切削技术已是较成熟的技术，采用干式切削技术能够避免切削液对环境的危害、降低切削液处理的成本，而直升机减速器取消液体润滑是为了降低传动系统的事故发生率，也能减轻直升机的质量。

4. 选用耐高温的齿轮、轴承材料进行研究

我国的航空齿轮钢多属第一代钢，使用温度只能维持在 250℃以下，如本书使用的 12Cr2Ni4A 钢的使用温度在 170℃以下。使用耐高温的轴承、齿轮材料是提高直升机传动系统生存力的重要途径。

参考文献

[1] 路录祥. 直升机结构与设计[M]. 北京：航空工业出版社，2009.

[2] 高晓果，郑龙席. 某发动机油雾润滑试验系统设计与分析[J]. 润滑与密封，2008，33(7)：87 - 90.

[3] 戴振东，廖自灿，刘贵龄，等. 直升机转动系统干运转能力的研究[J]. 机械科学与技术，1999，18(2)：255 - 258.

[4] 王延忠，孙振宇，周元子，等. 基于加载接触分析的航空螺旋锥齿轮油雾润滑性能分析[J]. 润滑与密封，2010，(7)：23 - 27.

[5] 刘志全，沈允文，陈国定，等. 某直升机齿轮传动系统的瞬态热分析[J]. 航空动力学报，1999，(3)：21 - 24.

[6] 刘志全，沈允文，陈国定，等. 某直升机齿轮传动系统的稳态热分析[J]. 中国机械工程，1999，10(6)：607 - 610.

[7] 沈允文，王彤，王三民，等. 弧齿锥齿轮传动的稳态本体温度场分析[J]. 机械传动，2001，25(3)：1 - 4.

[8] 于敏，戴振东，薄玉奎，等. 提高直升机齿轮传动干运转能力的离子注入技术[J]. 南京航空航天大学学报，2006，38(1)：11 - 15.

[9] Mullen M F，Cooper C V，Glasser A R，et al. Secondary Lubrication System with Injectable Additive：United States，US2007/0261922A1[P]. 2007 - 11 - 15.

[10] 管文，戴振东，夏延秋，等. 直升机减速器润滑系统应急技术研究[J]. 润滑与密封，2012，31(3)：94 - 97.

[11] Handschuh R F，Morales W. Lubrication System Failure Baseline Testing on an Aerospace Quality Gear Mesh [R]. NASA/TM - 209954，2000.

[12] 王典. 用于直升机传动系统干运转的油雾润滑技术[D]. 南京航空航天大学硕士学位论文.

南京：南京航空航天大学，2011.

[13] 杜辅东. 某型号主减速器设计方案研究[D]. 哈尔滨工程大学硕士学位论文. 哈尔滨：哈尔滨工程大学，2007.

[14] 郑龙席，高晓果，姜宏伟. 小型航空发动机油雾润滑技术实验与数值研究[J]. 机械科学与技术，2011，30(7)：1133-1140.

[15] 韩功波，张锋. 不同润滑方法对纸机干燥部轴承温度影响的分析[J]. 黑龙江造纸，2011，2：23-30.

[16] Morales W, Handschuh R F. A Preliminary Study on the Vapor/Mist Phase Lubrication of a Spur Gearbox[R]. NASA/TM-208833，1999.

[17] Wang Z Y, Xia Y Q, Liu Z L. Comparative study of the tribological properties of ionic liquids as additives of the attapulgite and bentone greases[J]. Lubrication Science, 2012, 24(4)：174-187.

[18] Liang P P, Wu H, Zuo G Z, Ren T H. Tribological performances of heterocyclic-containing ether and/or thioether as additives in the synthetic diester[J]. Lubrication Science, 2009，21(3)：111-121.

[19] Morales W, Handschuh R F, Krantz T L. Feasibility Study of Vapor-mist Phase Reaction Lubrication Using a Thioether Liquid[R]. NASA/TM-215035，2007.

[20] Hu J B, Wu W, Wu M X, et al. Numerical investigation of the air-oil two-phase flow inside an oil-jet lubricated ball bearing[J]. International Journal of Heat and Mass Transfer, 2014, 68：85-93.

[21] 管文，戴振东，朱如鹏，等. 硫化异丁烯对航空钢油气润滑的影响. 中国石油大学学报(自然科学版)，2013，37(6)：106-108.

[22] Matumura H, Yoshimura H, Okazaki T. Oil/Air Lubrication System：United States, US2009/0026016 A1[P]. 2009-01-29.

[23] Höhn B R, Michaelis K, Otto H P. Minimised gear lubrication by a minimum oil/air flow rate[J]. Wear, 2009，266：461-467.

[24] Zeng Q F, Zhao X M, Dong G N, et al. Lubrication properties of Nitinol 60 alloy used as high-speed rolling bearing and numerical simulation of flow pattern of oil-air lubrication[J]. Transactions of Nonferrous Metals Society of China, 2012, 22：2431-2438.

[25] 刘维民，夏延秋，付兴国. 齿轮传动润滑材料[M]. 北京：化学工业出版社，2005.

[26] 闫玉涛，孙志礼，王淑仁，等. 几种极压抗磨剂对 Si3N4 陶瓷/GCr15 钢副摩擦磨损性能的影响[J]. 润滑与密封，2005，2：100-102.

[27] 刘瑶，张红霞，朱远志. 45 钢低温电解渗硫表面摩擦性能的研究[J]. 特殊钢，2013，34(2)：

35－37.

[28] 任霞. 添加剂在合成基础油中的摩擦学性能研究[D]. 沈阳工业大学硕士学位论文. 沈阳：沈阳工业大学，2006.

[29] 曹珍，王文，陶德华，等. 润滑油添加剂摩擦学性能的试验研究[J]. 轴承，2010，6：32－34.

[30] 侯翔坤，王毓民，孙志强. 硫、磷系添加剂复合使用在菜籽油中的抗磨性能研究[J]. 润滑与密封，2006，4：98－102.

[31] 马江波，胡俊宏，丁津原，等. 硫、磷系添加剂在菜子油中的响应性[J]. 东北大学学报（自然科学版），2004，25(2)：150－152.

[32] 魏小平，史永刚，傅敏，等. 纳米润滑油添加剂研究进展[J]. 润滑与密封，2008，33(11)：108－109.

[33] 徐敏. 几种合成航空润滑油用极压抗磨剂的研究[J]. 机械科学与技术，1993，10：162－164.

[34] 谭秀民. 航空润滑油极压抗磨剂的制备及性能研究[D]. 哈尔滨工程大学硕士学位论文. 哈尔滨：哈尔滨工程大学，2005.

[35] 沈铁军，卢春喜，单影，等. 极压抗磨剂对锂基润滑脂抗磨减磨性能的影响[J]. 石油学报（石油加工），2009，25：16－21.

[36] Kawato Y C, Kamiusuki T, Watanabe S J. Water-soluble metalworking fluid additives derived from the derivatives of 3－mercap top rop ionic acid[J]. Journal of Surfactants and Detergents, 2006，9(4)：391－394.

[37] 田爱华，王毅坚，关金贵. 气液两相流体润滑技术在滚动轴承中的试验研究[J]. 吉林化工学院学报，2003，20(3)：73－75.

[38] Handschuh R F, Polly J, Morales W. Gear Mesh Loss-of-Lubrication Experiments and Analytical Simulation[R]. NASA/TM－217106，2011.

[39] Morales W, Handschuh R F. A preliminary study on the vapor/mist phase lubrication of a spur gearbox[J]. Lubr. Eng, 2000，56(9)：14－19.

[40] 温诗铸，黄平. 摩擦学原理[M]. 3版. 北京：清华大学出版社，2008.

[41] 巩彬彬，张俊国，王建文，等. 油气润滑滚动轴承试验装置的研制[J]. 机械科学与技术，2007，26(2)：181－183.

[42] Yeo S H, Ramesh K, Zhong Z W. Ultra-high-speed grinding spindle characteristics upon using oil/air mist lubrication[J]. International Journal of Machine Tools and Manufacture, 2002，42：815－823.

[43] Wu C H, Kung Y T. A parametric study on oil/air lubrication of a high-speed spindle[J]. Precision Engineering, 2005，29：162－167.

[44] Pinel S I, Signer H R, Zaretsky E V. Comparison between Oil-Mist and Oil-Jet Lubrication

of High-Speed, Small-Bore, a Ngular-Contact Ball Bearings [R]. NASA/TM-210462,2001.

[45] 张俊国,巩彬彬,王建文,等. 油气润滑滚动轴承最佳供油量试验研究[J]. 润滑与密封,2006,10: 168-170.

[46] 闫大鹏,吴玉厚,张柯. 高速电主轴轴承油气润滑系统的研究[J]. 机械工程与自动化,2006,2: 37-39.

[47] 李姝,陈士香,王涛. 油气润滑技术及润滑剂[J]. 合成润滑材料,2008,35(1): 15-16.

[48] 夏粉玲. 高速主轴轴承的油气润滑系统分析[J]. 设计与研究,2007,9: 28-30.

[49] 将天合,张保. 油气润滑应用在高速轴承中的实验研究[J]. 机械制造与研究,2008,37: 29-32.

[50] 谢军,蒋书运,王兴松,等. 高速滚动轴承油气润滑试验研究[J]. 润滑与密封,2006,9: 114-119.

[51] 沈铁军,卢春喜,单影. 极压、抗磨剂对锂基润滑脂抗磨减磨性能的影响[J]. 石油学报(石油加工),2009,9: 15-21.

[52] 曹月平,余来贵. 醇和羧酸添加剂对菜籽油抗磨与极压性能的影响[J]. 摩擦学学报,2000,20(4): 288-291.

[53] Zhang Z, Najman M, Kasrai M, et al. Study of interaction of EP and AW additives with dispersants using XANES[J]. Tribology Letters, 2005,18(1): 43-51.

[54] 管文,戴振东,于敏,等. 极压抗磨剂对不同航空油的适应性[J]. 中国石油大学学报(自然科学版),2012,36(5): 150-153.

[55] 夏延秋,王丹,张剑,等. 一种磷氮类添加剂作为新型极压抗磨剂的研究[J]. 摩擦学学报,2000,2: 70-72.

[56] Mistry K K, Morina A, Erdemir A. Extreme pressure lubricant additives interacting on the surface of steel-and tungsten carbide-doped diamond-like carbon [J]. Tribology Transactions, 2013,56(4): 623-629.

[57] Li W M, Wu Y X, Wang X B, et al. A study of P-N compound as multifunctional lubricant additive[J]. Lubrication Science, 2011,23: 363-273.

[58] 邵淑燕. 航空发动机用渗碳齿轮钢 16Cr3NiWMoVNbE[D]. 东北大学硕士学位论文. 沈阳: 东北大学,2006.

[59] 赵振业. 航空高性能齿轮钢的研究与发展[J]. 航空材料学报,2000,8(20): 148-157.

[60] 郭志光,顾卡丽,赵源. 纳米润滑技术的进展[J]. 新材料产业,2003,4: 67-70.

[61] 伏喜胜,姚文钊,张龙华,等. 润滑油添加剂的现状及发展趋势[J]. 汽车工艺与材料,2005,5: 1-6.

[62] 柳学全，方建峰，黄乃红，等. 修复型润滑添加剂的开发及应用[J]. 粉末冶金工业，2003，13(4)：20 - 22.

[63] 刘谦，徐滨士. 纳米润滑材料和润滑添加剂研究进展[J]. 航空制造技术，2004，2：719 - 731.

[64] 刘谦，徐滨士，许一，等. 摩擦磨损自修复润滑油添加剂研究进展[J]. 润滑与密封，2006，2：150 - 153.

[65] 王亚琦，秦月玲. 硼酸在润滑油添加剂领域的应用现状[J]. 无机盐工业，2007，39(8)：7 - 9.

[66] 董凌，方建华，陈国需，等. "绿色"润滑剂的发展[J]. 合成材料，2003，30：10 - 16.

[67] 孙霞，陈波水，谢学兵，等. 环境友好 N -油酰基谷氨酸润滑油添加剂的合成及性能[J]. 机械工程材料，2008，32(4)：34 - 37.

[68] 陈波水，方建华，李芬芳. 环境友好润滑剂[M]. 北京：中国石化出版社，2006.

[69] 王昆，方建华，陈波水. 润滑油生物降解性能快速测定方法研究[J]. 石油学报(石油加工)，2004，20(6)：74 - 78.

[70] 刘晶郁. 磷系极压抗磨剂在绿色润滑剂基础油中的摩擦学特性研究[D]. 长安大学博士学位论文. 西安：长安大学，2004.

[71] 胡俊宏，金映丽，丁津原. 硫烯在可降解基础油中的摩擦学特性的研究[J]. 机械设计与制造，2006，5：97 - 99.

[72] 曹月平，余来贵. 磷酸三甲酚脂和亚磷酸二正丁酯添加剂对菜籽油摩擦学性能的影响[J]. 摩擦学学报，2000，20(2)：119 - 122.

[73] Nagarajan A, Garrido C, Gatica, J E, et al. Phosphate Reactions as Mechanisms of High - Temperature Lubrication[R]. NASA/TM - 214060, 2006.

[74]何万仁，张泽抚，刘维民，等. 硫代磷酸三正辛酯的合成及其摩擦学性能研究[J]. 摩擦学学报，2003，23(1)：28 - 32.

[75] Wen Guan, Zhendong Dai, Rupeng Zhu. Tribological characteristics of ammonium thiophsphonate in aeronautical lubrication oil [J]. Journal of the Balkan Tribological Association, 2015, 21(3).

[76] 詹威强，宋玉萍. 一种新型 S - N 添加剂与磷酸三甲酚脂在 500 N 加氢基础油中的摩擦学复合效应[J]. 摩擦学学报，2003，23(3)：221 - 224.

[77] 张龙华，李铭，苏刚，等. 二烷基二硫代磷酸丙烯酸酯作为润滑油添加剂的实验研究[J]. 石油学报(石油加工)，2008，24(2)：191 - 197.

[78] 胡建强，杨士钊，郭力，等. 芳胺与 ZDDP 的抗氧化协同作用[J]. 合成润滑材料，2009，36(4)：11 - 14.

[79] Wen Guan, Youhua Ge, Zhendong Dai, et al. Study on aeronautical steel under minimal quantity lubrication[J]. Industrial Lubrication and Tribology, 2015, 67(5).

[80] 封国寿. 影响 ZDDPT203 的因素分析及在生产中的效应[J]. 化学工程师,2009,9：55－57.

[81] Unnikrishnan R，Jain M C，Harinarayan A K，et al. Additive-additive interaction：an XPS study of the effect of ZDDP on the AW/EP characteristics of molybdenum based additives [J]. Wear，2002,252：240－249.

[82] 卢培刚,李森燕,徐未. 低 ZDDP 添加量对含 Mo 润滑油体系摩擦性能的影响[J]. 石油炼制与化工,2007,38(2)：48－52.

[83] 欧阳平,陈国需,李华峰,等. 新型含 N 杂环化合物用作润滑油添加剂的多效性能[J]. 后勤工程学院学报,2008,24(2)：56－59.

[84] 蒋海珍,陶德华,王彬,等. N－油酰基谷氨酸水基润滑添加剂的合成及其摩擦磨损特性研究[J]. 摩擦学学报,2006,26(1)：45－48.

[85] 徐颖强,赵宁,吕国志. 航空齿轮表面硬化层断裂性能研究[J]. 机械科学与技术,2002,21(4)：602－606.

[86] 朱孝录,鄂中凯. 齿轮承载能力分析[M]. 北京：高等教育出版社,1992.

[87] 李慧,陈勇,冯裕钊. 不同配比及其后处理方式对纳米 TiO_2 粒径的影响[J]. 材料开发与应用,2007,22(4)：41－43.

[88] 丁垚,宫敬,彭宇. 四丁基溴化铵水合物的生成-分解特性[J]. 中国石油大学学报(自然科学版),2011,35(4)：150－153.

[89] 刘维民. 纳米颗粒及其在润滑油脂中的应用[J]. 摩擦学学报,2003,23(4)：265－267.

[90] 刘维民,薛群基,周静芳,等. 纳米颗粒的抗磨作用及作为磨损修复添加剂的应用研究[J]. 中国表面工程,2001,14(3)：21－29.

[91] 欧阳平,陈国需,李华峰. ZDDP 所面临的挑战及其改进剂的研究现状[J]. 润滑与密封,2008,33(12)：98－100.

[92] Nahar M S，Hasegawa K，Kagaya S. Photocatalytic degradation of phenol by visible light-responsive iron-doped TiO_2 and spontaneous sedimentation of the TiO_2 particles [J]. Chemosphere，2006,(65)：1976－1982.

[93] 杨攀龙,赵鸿斌,谭援强,等. 环戊胺基二硫代甲酸衍生物合成、表征及作为润滑油添加剂的摩擦性能[J]. 应用化学,2007,24(3)：251－255.

[94] 於薏,马海兵,李晶,等. 两种水溶性二元羧酸盐润滑油添加剂的摩擦学性能及润滑机理研究. 摩擦学学报,2009,29(2)：140－145.

[95] 车明. 直九武装直升机主减速器改进设计研究[D]. 哈尔滨工程大学硕士学位论文. 哈尔滨：哈尔滨工程大学,2006.

[96] Timothy L K，Clark V. Copper Increased Surface Fatigue Lives of Spur Gears by Application of a Coating[R]. NASA/TM－2003－212463.

[97] Srure H. Tribological characterization of thin[J]. Wear, 1994,179: 147 - 160.

[98] Polonsky I A, Chang T P, Keer L M, et al. A study of rolling-contact fatigue of bearing steel coated with physical vapor deposition TiN films: Coating response to cyclic contact stress and physical mechanisms underlying coating effect on the fatigue life[J]. Wear, 1998,215: 191 - 204.

[99] 管文,高正,葛友华,等. 直升机减速器润滑系统应急方案优化设计[J]. 润滑与密封,2013,38(10): 91 - 93.

[100] Liu H M, Cao Y T. Rolling contact fatigue life of ion implanted GCrl5[J]. Journal of Harbin Institute of Technology, 2000,7: 38 - 42.

[101] 金杰,徐志潜,王锦辉,等. 离子束辅助沉积 TiCN 多层膜的研究[J]. 核技术,2007,12: 1019 - 1022.

[102] Dhanasekaran S, Gnanamoorthy R. Abrasive wear behavior of sintered steels prepared with MoS_2 addition[J]. Wear, 2007,262: 617 - 623.

[103] Krantz T, Kahraman, A. An Experimental Investigation of the Influence of the Lubricant Viscosity and Additives on Gear Wear[R]. NASA/TM - 213956,2005.

[104] 罗虹. 轴承材料及表面工程研究[M]. 成都: 西南交通大学出版社,2011.

[105] 高志,潘红良. 表面科学与工程[M]. 上海: 华东理工大学出版社,2006.

[106] Reye J T, McFadden L S, Gatica J E, et al. Conversion Coatings for Aluminum Alloys by Chemical Vapor Deposition Mechanisms[R]. NASA/TM - 21290,2004.

[107] 李凤兰,陈润斋,张岩. 飞机用固体膜润滑剂[J]. 航空材料学报,2006,26(3): 345 - 346.

[108] 郦振声. 现代表面工程技术[M]. 北京: 机械工业出版社,2007.

[109] 陈文刚,高玉周,张会臣,等. 硅酸盐粉体作为润滑油添加剂对摩擦副耐磨性的影响研究[J]. 中国表面工程,2006,19(1): 36 - 39.

[110] 王静波,吕晋军,宁莉萍,等. 锡青铜基自润滑材料的摩擦学特性研究[J]. 摩擦学学报,2001,21(2): 110 - 113.

[111] 徐滨士. 纳米表面工程[M]. 北京: 化学工业出版社,2004.

[112] Lei H, Guan W C, Luo J B. Tribological behavior of fullerene-styrene sulfonic acid copolymer as water-based lubricant additive[J]. Wear, 2002,252(4): 345 - 350.

[113] 任家隆. 绿色干切削技术的研究[J]. 新技术心工艺,2002,5: 9 - 11.

[114] 刘志峰,张崇高,任家隆. 干切削加工技术及应用[M]. 北京: 机械工业出版社,2005.